Christian Sturm

Gemeinsame Realisierung von Radar-Sensorik und Funkkommunikation mit OFDM-Signalen

AF664917

Karlsruher Forschungsberichte
aus dem Institut für Hochfrequenztechnik und Elektronik

Herausgeber: Prof. Dr.-Ing. Thomas Zwick

Band 66

Gemeinsame Realisierung von Radar-Sensorik und Funkkommunikation mit OFDM-Signalen

von
Christian Sturm

KIT Scientific Publishing

Dissertation, Karlsruher Institut für Technologie
Fakultät für Elektrotechnik und Informationstechnik, 2012

Impressum

Karlsruher Institut für Technologie (KIT)
KIT Scientific Publishing
Straße am Forum 2
D-76131 Karlsruhe
www.ksp.kit.edu

KIT – Universität des Landes Baden-Württemberg und
nationales Forschungszentrum in der Helmholtz-Gemeinschaft

SOME RIGHTS RESERVED

Diese Veröffentlichung ist im Internet unter folgender Creative Commons-Lizenz
publiziert: http://creativecommons.org/licenses/by-nc-nd/3.0/de/

KIT Scientific Publishing 2012
Print on Demand

ISSN 1868-4696
ISBN 978-3-86644-879-7

Vorwort des Herausgebers

Bedingt durch die permanent steigende Nachfrage nach höheren Datenraten und neuen Anwendungen im Bereich der mobilen Kommunikation wird das verfügbare Frequenzspektrum zu einer immer knapper werdenden Ressource, was auch die enorme Gesamtsumme von über 50 Milliarden Euro eindrucksvoll demonstriert, die im Jahr 2000 bei der Versteigerung der UMTS-Lizenzen in Deutschland erzielt wurde. Eine der neuen geplanten Funkkommunikationsanwendungen, für die zusätzliche Frequenzbereiche benötigt werden, ist die Fahrzeug-Fahrzeug-Kommunikation, die große Verbesserungen in der Verkehrstelematik verspricht. Die Einführung dieser Technologie scheitert bisher allerdings an einer sehr einfachen Problematik: Ein Nutzen wird sich erst ergeben, wenn ein beachtlicher Prozentsatz der Fahrzeuge mit der neuen Technologie ausgestattet ist, d.h. die ersten Verkehrsteilnehmer, die die neue Technologie installieren und bezahlen haben keinen Vorteil davon.

Die Radartechnik hingegen hat sich in den letzten Jahren zu einem festen Bestandteil der Komfort- und Sicherheitssysteme moderner Automobile entwickelt. Der Anteil an Fahrzeugen mit Radarsensorik steigt stetig, wobei hier das Problem des limitierten Frequenzspektrums noch deutlich größer ist als in der Kommunikation. Bedingt durch die hohen Anforderungen an die Entfernungsauflösung, werden im Vergleich zur Fahrzeug-Fahrzeug-Kommunikation deutlich höhere Sendebandbreiten benötigt. Erste Fälle von gegenseitiger Störung der auf dem Markt befindlichen Systeme sind seit wenigen Jahren bekannt und eine zukünftige Erhöhung der Durchdringungsrate der Systeme im Verkehr wird das Problem weiter verstärken.

Die vorliegende Dissertation beschäftigt sich mit der Realisierung von Radar-Sensorik und Funkkommunikation basierend auf ein und demselben Sendesignal. Erste Vorun-tersuchungen zeigten schnell, dass sich hierzu OFDM Signale am Besten eignen, sodass Herr Sturm sich dieser Thematik intensiv gewidmet hat. Der Kern der Arbeit ist ein neuartiges Konzept eines OFDM-basierten Funksystems, mit dem Funkkommunikation und Radar-Sensorik gleichzeitig in Mehrnutzerumgebungen möglich ist. Als Anwendungsszenario wurde die Fahrzeug-Fahrzeug-Kommunikation zusammen mit der Radar-basierten Fahrzeugumfeldüberwachung ausgewählt und es konnte eindrucksvoll die technische Machbarkeit des neuen Systemkonzepts demonstriert wer-den. Neben der gemeinsamen Nutzung des Sendesignals für beide Funktionen und der damit erhöhten Effizienz hinsichtlich des verwendeten Spektrums hat das neue Konzept zwei weitere wesentliche Vorteile gegenüber dem Stand der

Technik. Zum Einen wird die Interferenz zwischen den Radaren dadurch automatisch minimiert, dass diese nun Funkkommunikationspartner sind, die in einem sogenannten AdHoc-Netz koordiniert werden. Zum Anderen kann die oben angesprochene Einführungsproblematik der Fahrzeug-Fahrzeug-Kommunikation dadurch umgangen werden, dass die Systeme von vornherein als Radar einen Nutzen für den Fahrer haben werden.

Die Arbeit von Herrn Sturm stellt damit eine wesentliche Innovation zum Stand der Technik dar. Ich bin sicher, dass OFDM-basierte Radarsysteme in verschiedenen Bereichen in Zukunft eine wichtige Rolle spielen werden. Ich bin mir sicher, dass diese Arbeit weltweit große Beachtung und Anwendung finden wird und wünsche Herrn Sturm, dass seine Kreativität und Innovationskraft ihn auch weiterhin zu wissenschaftlichen aber auch wirtschaftlichen Erfolgen führen wird.

Prof. Dr.-Ing. Thomas Zwick

– Institutsleiter –

Forschungsberichte aus dem
Institut für Höchstfrequenztechnik und Elektronik (IHE)
der Universität Karlsruhe (TH) (ISSN 0942-2935)

Herausgeber: Prof. Dr.-Ing. Dr. h.c. Dr.-Ing. E.h. mult. Werner Wiesbeck

Band 1 Daniel Kähny
Modellierung und meßtechnische Verifikation polarimetrischer, mono- und bistatischer Radarsignaturen und deren Klassifizierung (1992)

Band 2 Eberhardt Heidrich
Theoretische und experimentelle Charakterisierung der polarimetrischen Strahlungs- und Streueigenschaften von Antennen (1992)

Band 3 Thomas Kürner
Charakterisierung digitaler Funksysteme mit einem breitbandigen Wellenausbreitungsmodell (1993)

Band 4 Jürgen Kehrbeck
Mikrowellen-Doppler-Sensor zur Geschwindigkeits- und Wegmessung - System-Modellierung und Verifikation (1993)

Band 5 Christian Bornkessel
Analyse und Optimierung der elektrodynamischen Eigenschaften von EMV-Absorberkammern durch numerische Feldberechnung (1994)

Band 6 Rainer Speck
Hochempfindliche Impedanzmessungen an Supraleiter / Festelektrolyt-Kontakten (1994)

Band 7 Edward Pillai
Derivation of Equivalent Circuits for Multilayer PCB and Chip Package Discontinuities Using Full Wave Models (1995)

Band 8 Dieter J. Cichon
Strahlenoptische Modellierung der Wellenausbreitung in urbanen Mikro- und Pikofunkzellen (1994)

Band 9 Gerd Gottwald
Numerische Analyse konformer Streifenleitungsantennen in mehrlagigen Zylindern mittels der Spektralbereichsmethode (1995)

Band 10 Norbert Geng
Modellierung der Ausbreitung elektromagnetischer Wellen in Funksystemen durch Lösung der parabolischen Approximation der Helmholtz-Gleichung (1996)

Band 11 Torsten C. Becker
Verfahren und Kriterien zur Planung von Gleichwellennetzen für den Digitalen Hörrundfunk DAB (Digital Audio Broadcasting) (1996)

Forschungsberichte aus dem
Institut für Höchstfrequenztechnik und Elektronik (IHE)
der Universität Karlsruhe (TH) (ISSN 0942-2935)

Band 12 Friedhelm Rostan
Dual polarisierte Microstrip-Patch-Arrays für zukünftige satellitengestützte SAR-Systeme (1996)

Band 13 Markus Demmler
Vektorkorrigiertes Großsignal-Meßsystem zur nichtlinearen Charakterisierung von Mikrowellentransistoren (1996)

Band 14 Andreas Froese
Elektrochemisches Phasengrenzverhalten von Supraleitern (1996)

Band 15 Jürgen v. Hagen
Wide Band Electromagnetic Aperture Coupling to a Cavity: An Integral Representation Based Model (1997)

Band 16 Ralf Pötzschke
Nanostrukturierung von Festkörperflächen durch elektrochemische Metallphasenbildung (1998)

Band 17 Jean Parlebas
Numerische Berechnung mehrlagiger dualer planarer Antennen mit koplanarer Speisung (1998)

Band 18 Frank Demmerle
Bikonische Antenne mit mehrmodiger Anregung für den räumlichen Mehrfachzugriff (SDMA) (1998)

Band 19 Eckard Steiger
Modellierung der Ausbreitung in extrakorporalen Therapien eingesetzter Ultraschallimpulse hoher Intensität (1998)

Band 20 Frederik Küchen
Auf Wellenausbreitungsmodellen basierende Planung terrestrischer COFDM-Gleichwellennetze für den mobilen Empfang (1998)

Band 21 Klaus Schmitt
Dreidimensionale, interferometrische Radarverfahren im Nahbereich und ihre meßtechnische Verifikation (1998)

Band 22 Frederik Küchen, Torsten C. Becker, Werner Wiesbeck
Grundlagen und Anwendungen von Planungswerkzeugen für den digitalen terrestrischen Rundfunk (1999)

Band 23 Thomas Zwick
Die Modellierung von richtungsaufgelösten Mehrwegegebäudefunkkanälen durch markierte Poisson-Prozesse (2000)

Forschungsberichte aus dem
Institut für Höchstfrequenztechnik und Elektronik (IHE)
der Universität Karlsruhe (TH) (ISSN 0942-2935)

Band 24 Dirk Didascalou
Ray-Optical Wave Propagation Modelling in Arbitrarily Shaped Tunnels (2000)

Band 25 Hans Rudolf
Increase of Information by Polarimetric Radar Systems (2000)

Band 26 Martin Döttling
Strahlenoptisches Wellenausbreitungsmodell und Systemstudien für den Satellitenmobilfunk (2000)

Band 27 Jens Haala
Analyse von Mikrowellenheizprozessen mittels selbstkonsistenter finiter Integrationsverfahren (2000)

Band 28 Eberhard Gschwendtner
Breitbandige Multifunktionsantennen für den konformen Einbau in Kraftfahrzeuge (2001)

Band 29 Dietmar Löffler
Breitbandige, zylinderkonforme Streifenleitungsantennen für den Einsatz in Kommunikation und Sensorik (2001)

Band 30 Xuemin Huang
Automatic Cell Planning for Mobile Network Design: Optimization Models and Algorithms (2001)

Band 31 Martin Fritzsche
Anwendung von Verfahren der Mustererkennung zur Detektion von Landminen mit Georadaren (2001)

Band 32 Siegfried Ginter
Selbstkonsistente Modellierung der Erhitzung von biologischem Gewebe durch hochintensiven Ultraschall (2002)

Band 33 Young Jin Park
Applications of Photonic Bandgap Structures with Arbitrary Surface Impedance to Luneburg Lenses for Automotive Radar (2002)

Band 34 Alexander Herschlein
Entwicklung numerischer Verfahren zur Feldberechnung konformer Antennen auf Oberflächen höherer Ordnung (2002)

Band 35 Ralph Schertlen
Mikrowellenprozessierung nanotechnologischer Strukturen am Beispiel von Zeolithen (2002)

Forschungsberichte aus dem
Institut für Höchstfrequenztechnik und Elektronik (IHE)
der Universität Karlsruhe (TH) (ISSN 0942-2935)

Band 36 Jürgen von Hagen
Numerical Algorithms for the Solution of Linear Systems of Equations Arising in Computational Electromagnetics (2002)

Band 37 Ying Zhang
Artificial Perfect Magnetic Conductor and its Application to Antennas (2003)

Band 38 Thomas M. Schäfer
Experimentelle und simulative Analyse der Funkwellenausbreitung in Kliniken (2003)

Band 39 Christian Fischer
Multistatisches Radar zur Lokalisierung von Objekten im Boden (2003)

Band 40 Yan C. Venot
Entwicklung und Integration eines Nahbereichsradarsensorsystems bei 76,5 GHz (2004)

Band 41 Christian Waldschmidt
Systemtheoretische und experimentelle Charakterisierung integrierbarer Antennenarrays (2004)

Band 42 Marwan Younis
Digital Beam-Forming for high Resolution Wide Swath Real and Synthetic Aperture Radar (2004)

Band 43 Jürgen Maurer
Strahlenoptisches Kanalmodell für die Fahrzeug-Fahrzeug-Funkkommunikation (2005)

Band 44 Florian Pivit
Multiband-Aperturantennen für Basisstationsanwendungen in rekonfigurierbaren Mobilfunksystemen (2005)

Band 45 Sergey Sevskiy
Multidirektionale logarithmisch-periodische Indoor-Basisstationsantennen (2006)

Band 46 Martin Fritz
Entwurf einer breitbandigen Leistungsendstufe für den Mobilfunk in Low Temperature Cofired Ceramic (2006)

Band 47 Christiane Kuhnert
Systemanalyse von Mehrantennen-Frontends (MIMO) (2006)

Band 48 Marco Liebler
Modellierung der dynamischen Wechselwirkungen von hoch-intensiven Ultraschallfeldern mit Kavitationsblasen (2006)

Forschungsberichte aus dem Institut für Höchstfrequenztechnik und Elektronik (IHE) der Universität Karlsruhe (TH) (ISSN 0942-2935)

Band 49 Thomas Dreyer
Systemmodellierung piezoelektrischer Sender zur Erzeugung hochintensiver Ultraschallimpulse für die medizinische Therapie (2006)

Band 50 Stephan Schulteis
Integration von Mehrantennensystemen in kleine mobile Geräte für multimediale Anwendungen (2007)

Band 51 Werner Sörgel
Charakterisierung von Antennen für die Ultra-Wideband-Technik (2007)

Band 52 Reiner Lenz
Hochpräzise, kalibrierte Transponder und Bodenempfänger für satellitengestützte SAR-Missionen (2007)

Band 53 Christoph Schwörer
Monolithisch integrierte HEMT-basierende Frequenzvervielfacher und Mischer oberhalb 100 GHz (2008)

Band 54 Karin Schuler
Intelligente Antennensysteme für Kraftfahrzeug-Nahbereichs-Radar-Sensorik (2007)

Band 55 Christian Römer
Slotted waveguide structures in phased array antennas (2008)

Fortführung als
"Karlsruher Forschungsberichte aus dem Institut für Hochfrequenztechnik und Elektronik" bei KIT Scientific Publishing
(ISSN 1868-4696)

Karlsruher Forschungsberichte aus dem Institut für Hochfrequenztechnik und Elektronik
(ISSN 1868-4696)

Herausgeber: Prof. Dr.-Ing. Thomas Zwick

Die Bände sind unter www.ksp.kit.edu als PDF frei verfügbar oder als Druckausgabe bestellbar.

Band 55 Sandra Knörzer
Funkkanalmodellierung für OFDM-Kommunikationssysteme bei Hochgeschwindigkeitszügen (2009)
ISBN 978-3-86644-361-7

Band 56 Fügen, Thomas
Richtungsaufgelöste Kanalmodellierung und Systemstudien für Mehrantennensysteme in urbanen Gebieten (2009)
ISBN 978-3-86644-420-1

Band 57 Pancera, Elena
Strategies for Time Domain Characterization of UWB Components and Systems (2009)
ISBN 978-3-86644-417-1

Band 58 Timmermann, Jens
Systemanalyse und Optimierung der Ultrabreitband-Übertragung (2010)
ISBN 978-3-86644-460-7

Band 59 Pontes, Juan
Analysis and Design of Multiple Element Antennas for Urban Communication (2010)
ISBN 978-3-86644-513-0

Band 60 Lambrecht, Andreas
True-Time-Delay Beamforming für ultrabreitbandige Systeme hoher Leistung (2010)
ISBN 978-3-86644-522-2

Band 61 Adamiuk, Grzegorz
Methoden zur Realisierung von dual-orthogonal, linear polarisierten Antennen für die UWB-Technik (2010)
ISBN 978-3-86644-573-4

Band 62 Kühn, Jutta
AlGaN/GaN-HEMT Power Amplifiers with Optimized Power-Added Efficiency for X-Band Applications (2011)
ISBN 978-3-86644-615-1

Karlsruher Forschungsberichte aus dem Institut für Hochfrequenztechnik und Elektronik (ISSN 1868-4696)

Band 63 Janson, Małgorzata
Hybride Funkkanalmodellierung für ultrabreitbandige MIMO-Systeme (2011)
ISBN 978-3-86644-639-7

Band 64 Pauli, Mario
Dekontaminierung verseuchter Böden durch Mikrowellenheizung (2011)
ISBN 978-3-86644-696-0

Band 65 Kayser, Thorsten
Feldtheoretische Modellierung der Materialprozessierung mit Mikrowellen im Durchlaufbetrieb (2011)
ISBN 978-3-86644-719-6

Band 66 Sturm, Christian Andreas
Gemeinsame Realisierung von Radar-Sensorik und Funkkommunikation mit OFDM-Signalen (2012)
ISBN 978-3-86644-879-7

Gemeinsame Realisierung von Radar-Sensorik und Funkkommunikation mit OFDM-Signalen

Zur Erlangung des akademischen Grades eines

DOKTOR-INGENIEURS

von der Fakultät für
Elektrotechnik und Informationstechnik
des Karlsruher Instituts für Technologie (KIT)

genehmigte

DISSERTATION

von

Dipl.-Ing. Dipl.-Ing.-Päd. Christian Andreas Sturm
geb. in Schwäbisch Hall

Tag der mündlichen Prüfung:	17. 11. 2011
Hauptreferent:	Prof. Dr.-Ing. Thomas Zwick
Korreferent:	Prof. Dr. rer. nat. Friedrich K. Jondral

Zusammenfassung

In dieser Arbeit werden ein Systemkonzept und ein geeignetes Prozessierungsverfahren für ein multifunktionales Radar- und Kommunikationssystem entwickelt und evaluiert, die es erlauben, Radar-Sensorik und drahtlose Kommunikation simultan und auf Basis einer gemeinsamen Sendesignalform durchzuführen. Eine derartige Anwendung wird auch als *RadCom* bezeichnet und erlaubt eine effiziente Nutzung der Ressourcen Spektrum und Sendeleistung. Als Sendesignalform kommen in dem entwickelten Konzept gewöhnliche OFDM-Signale zum Einsatz, die die technologische Basis vieler aktueller Funkstandards bilden und eine Datenübertragung mit hoher Effizienz und Robustheit ermöglichen.

Das im Rahmen dieser Arbeit entwickelte Verfahren zur Durchführung von Radar-Messungen auf Basis dieser Signale zeichnet sich insbesondere dadurch aus, dass eine Verlagerung der Prozessierung auf die Ebene der Modulationssymbole vorgenommen wird. Dadurch kann eine einfache Beschreibung der notwendigen Prozessierungsschritte erreicht werden, welche ausschließlich auf Basis von Fourier-Transformation und damit effizient implementiert werden können. Gleichzeitig kann bei den Radar-Messungen eine sehr hohe Dynamik erzielt werden. Die Leistungsfähigkeit des Verfahrens ist vollständig unabhängig von der übertragenen Nutzinformation.

Neben der theoretischen Entwicklung des RadCom-Konzepts liegt ein weiterer Schwerpunkt der Arbeit auf der Optimierung und der Evaluierung dessen Leistungsfähigkeit in einer praktischen Anwendung. Die in diesem Zusammenhang bestehenden Fragestellungen werden beispielhaft für eine Anwendung im Kraftfahrzeugbereich bei einer Frequenz von 24 GHz untersucht. Dabei wird einerseits betrachtet, wie die Systemparameter des OFDM-Signals gewählt werden müssen, um eine optimale Leistungsfähigkeit zu garantieren. Andererseits wird mit Hilfe von Simulationen sowie mit einem eigens aufgebauten Systemdemonstrator die in einer realen Anwendung erzielbare Leistungsfähigkeit unter praktischen Gesichtspunkten evaluiert.

Schließlich wird das RadCom-Systemkonzept für einen Einsatz in Mehrnutzerumgebungen weiterentwickelt. Diese Weiterentwicklung basiert auf einer Modifikation der klassischen OFDM-Signalform. Die modifizierte Signalform erlaubt die simultane Aktivität mehrerer RadCom-Systeme im selben Frequenzbereich, ohne dass dabei Interferenz auftritt bzw. die Leistungsfähigkeit der einzelnen Systeme nachhaltig negativ beeinflusst wird. Auch für die

modifizierte Signalform wird eine umfassende Bewertung der Leistungsfähigkeit mit Hilfe von Simulationen und Verifikationsmessungen präsentiert.
Das in dieser Arbeit entwickelte Systemkonzept sowie die beschriebenen Prozessierungsalgorithmen bilden eine neue Grundlage für effiziente Mehrnutzer-RadCom-Anwendungen mit sehr hoher Leistungsfähigkeit. Der Einsatz des entwickelten Verfahrens ist nicht auf den beispielhaft betrachteten Kraftfahrzeugbereich begrenzt, sondern auf vielfältige Anwendungsbereiche übertragbar.

Vorwort

Diese Dissertation entstand im Rahmen meiner Tätigkeit als wissenschaftlicher Mitarbeiter am Institut für Hochfrequenztechnik und Elektronik (IHE) des Karlsruher Instituts für Technologie (KIT), zunächst unter der Institutsleitung von Prof. Dr.-Ing. Dr. h.c. Dr.-Ing. E.h. mult. Werner Wiesbeck und später unter der Leitung von Prof. Dr.-Ing. Thomas Zwick.

Mein herzlicher Dank geht an Herrn Prof. Werner Wiesbeck dafür, dass er mir die Möglichkeit und Inspiration zur Forschung am Thema der gemeinsamen Radar- und Kommunikationssysteme gegeben hat und mir bis zum Abschluss der Arbeit als kompetenter Ansprechpartner zur Verfügung stand. Auch wenn Herr Prof. Wiesbeck nicht offiziell als Referent dieser Dissertation fungiert hat, hat er dennoch durch viele fachliche Diskussionen und wertvolle Ratschläge zur Ausgestaltung der Arbeit einen entscheidenden Anteil zum vorliegenden Endergebnis beigetragen.

Mein besonderer Dank geht gleichzeitig an Herrn Prof. Thomas Zwick dafür, dass ich mich diesem zwischenzeitlich zugunsten anderer Projekte stark vernachlässigten Forschungsthema wieder in vollem Umfang widmen konnte, als schließlich die Idee des OFDM-basierten Verfahrens aufkam. Ich danke Herrn Prof. Zwick weiterhin für die Übernahme des Hauptreferats und die hervorragende Betreuung der Arbeit, bei der er insbesondere darauf hingewirkt hat, dass ich meine zunächst relativ theoretischen Betrachtungen einem umfassenden Praxis-Check unterworfen habe.

Ein grundlegender Baustein für den Erfolg meiner Forschungsarbeiten war auch die intensive Kooperation mit dem Communications Engineering Lab (CEL) des KIT. Für die aktive Unterstützung dieser Kooperation, viele interessante Anregungen, sowie die Übernahme des Korreferats geht mein herzlicher Dank an Herrn Prof. Friedrich Jondral, den Institutsleiter des CEL.

Ein weiterer besonderer Dank geht an Herrn Dipl.-Ing. Martin Braun, Mitarbeiter am CEL, für die hervorragende Zusammenarbeit und den umfangreichen gegenseitigen Austausch, innerhalb dessen zahlreiche wichtige Ideen entstanden sind. Weiterhin danke ich Herrn Braun für seine praktische Unterstützung bei der Optimierung der Rechenzeit meiner MatLab-Programme und für das Korrekturlesen meines Manuskripts.

Schließlich danke ich allen ehemaligen Kollegen aus Technik, Verwaltung und Wissenschaft für das hervorragende Arbeitsklima am IHE. Ein besonderer Dank geht an meine zahlreichen ehemaligen Zimmerkollegen für die sehr angenehme Zusammenarbeit und viele interessante Diskussionen, die mein

Verständnis vieler fachlicher Zusammenhänge entscheidend erweitert haben, sowie an alle Studierende, die im Rahmen von Abschlussarbeiten wichtige Ergebnisse beigesteuert haben.
Von den ersten Ideen bis zum Abschluss dieser Arbeit war es ein langer Weg, auf dem auch die eine oder andere Durststrecke nicht ausblieb. Ich danke daher allen Freunden und Familienangehörigen, die mich während dieser Zeit unterstützt und motiviert haben, die Arbeit erfolgreich abzuschließen. Stellvertretend hervorheben möchte ich an dieser Stelle Elena Pancera, sowie Viktoriya und Matthias Sturm. Ein abschließender herzlicher Dank geht an meine Eltern Esther und Manfred Sturm dafür, dass sie mir eine gute Ausbildung ermöglicht haben und mir dabei gleichzeitig die Freiheit gegeben haben, mich entsprechend meiner persönlichen Interessen zu entwickeln.

Im Sommer 2012

Christian Sturm

Inhaltsverzeichnis

Abkürzungs- und Symbolverzeichnis

Abkürzungen

BPSK	Binary Phase Shift Keying (Binäre Phasenumtastung)
DVB	Digital Video Broadcasting (Standard für digitale Fernsehübertragung)
DSL	Digital Subscriber Line (Standard für kabelgebundene Datenübertragung)
EIRP	Effective Isotropically Radiated Power (effektiv isotrop abgestrahlte Sendeleistung)
FFT	Fast Fourier Transform (schnelle Fourier-Transformation)
FMCW	Frequency Modulated Continuous Wave
GSM	Global System for Mobile Communications (Mobilfunkstandard der 2. Generation)
ICI	Inter Carrier Interference
IEEE	Institute of Electrical and Electronics Engineers
IFFT	Inverse Fast Fourier Transform (inverse schnelle Fourier-Transformation)
ISM	Industrial, Scientific and Medical
LFM	Linear Frequency Modulation (lineare Frequenzmodulation)
LTE	Long Term Evolution (Mobilfunkstandard der 4. Generation)
MIMO	Multiple Input Multiple Output
OFDM	Orthogonal Frequency Division Multiplexing (orthogonaler Frequenz-Multiplex)
PAPR	Peak to Average Power Ratio (Verhältnis Spitzenleistung zu Durchschnittsleistung)
PLL	Phase Locked Loop (Phasenregelkreis)
PSK	Phase Shift Keying (diskrete Phasenmodulation)
PSL	Peak to Sidelobe Ratio (Verhältnis Nutzsignals zu Maximum der Artefakte)
QAM	Quadrature Amplitude Modulation (Quadratur-Amplitudenmodulation)
QPSK	Quadrature Phase Shift Keying (Quadraturphasenumtastung)

SIR	Signal-zu-Interferenz-Verhältnis (*Signal to Interference Ratio*)
SNR	Signal-zu-Rausch-Verhältnis (*Signal to Noise Ratio*)
UMTS	Universal Mobile Telecommunications System (Mobilfunkstandard der 3. Generation)
VCO	Voltage Controled Oscillator (Spannungsgesteuerter Oszillator)
WiMAX	Worldwide Interoperability for Microwave Access (Mobilfunkstandard der 4. Generation)
WLAN	Wireless Local Area Network

Konstanten

c_0	Lichtgeschwindigkeit im Vakuum: 299792458 m/s
π	Kreiszahl: 3,14159265
j	Imaginäre Einheit: $\sqrt{-1}$
k	Boltzmann-Konstante: $1{,}3806503 \cdot 10^{-23}$ J/K

Lateinische Symbole

a	Dämpfungsfaktor
B	Bandbreite
d	Komplexwertiges Modulationssymbol
D	Aperturgröße
$\mathbf{D}$	Modulationssymbol-Matrix
f_c	Trägerfrequenz
f_n	Frequenz des individuellen Unterträgers n
f_D	Doppler-Verschiebung
F	Rauschzahl (*Noise Figure*)
G	Gewinn
G_p	Prozessierungsgewinn
k	Diskreter Zeitindex
k_D	Doppler-Phasenterm
k_R	Distanz-Phasenterm
l	Diskreter Frequenzindex
n	Unterträger-Index
N_c	Anzahl der Unterträger des OFDM-Signals

N_{ch}	Anzahl der Kanäle
N_{p}	Anzahl der Punktstreuer
N_{sym}	Anzahl der OFDM-Symbole eines OFDM-Rahmens
p	Punktstreuer-Index
P	Signalleistung
P_{N}	Rauschleistung
PSL	Peak-to-Sidelobe Ratio
$r(k)$	Diskretes Distanz-Profil
R	Distanz
R_{u}	Größte eindeutig messbare Distanz
SIR	Signal-zu-Interferenz-Verhältnis
SNR	Signal-zu-Rausch-Verhältnis
$\mathrm{SNR}_{\mathrm{image}}$	Mittlere Dynamik eines Radar-Bildes
t	Kontinuierliche Zeitvariable
T	Elementare OFDM-Symboldauer (ohne Cyclic Prefix)
T_{abs}	Absolute Temperatur
T_{obs}	Beobachtungsdauer der Messung
$T_{\mathrm{obs,eff}}$	Effektive Beobachtungsdauer
T_{OFDM}	Gesamte OFDM-Symboldauer (einschließlich Cyclic Prefix)
T_{p}	Dauer des Cyclic Prefix
u	Nutzer-Index
v_{rel}	Relative Geschwindigkeit
$v_{\mathrm{rel,u}}$	Größte eindeutig messbare relative Geschwindigkeit
$v(l)$	Diskretes Geschwindigkeits-Profil
$x(t)$	Kontinuierliches Sendesignal im Zeitbereich
$X(f)$	Spektrale Leistungsdichte des Sendesignals
$y(t)$	Kontinuierliches Empfangssignal im Zeitbereich

Griechische Symbole

Δf	Frequenzabstand der Unterträger
ΔR	Distanzauflösung
Δv_{rel}	Auflösung relative Geschwindigkeit
φ	Phase
λ	Wellenlänge
μ	OFDM-Symbol-Index
σ	Radar-Rückstreuquerschnitt (*Radar Cross Section*)

Operatoren und mathematische Symbole

$\in$	Ist Element von
$\lfloor k \rfloor$	Nächster ganzzahliger Wert kleiner oder gleich k
$\otimes$	Dyadisches Produkt

Oft verwendete Tiefindizes

div	Ergebnis aus elementweiser komplexer Division
image	Bezogen auf das Radar-Bild
in	Bezogen auf die Eingangssignale
interf	Interferierend
max	Maximum
min	Minimum
mod	Nach Modifikation der Signalform
Rx	Empfänger
Tx	Sender

1 Einleitung

1.1 Motivation und Umfeld der Arbeit

Sowohl die drahtlose Kommunikation als auch die Radar-Sensorik haben in den vergangenen Jahren und Jahrzehnten einen immer stärkeren Einzug in die Alltagswelt der Menschen erfahren. Besonders deutlich erkennbar ist dies am Beispiel der Mobiltelefone, die sich mit der Einführung des GSM-Standards in den 1990er Jahren innerhalb nur weniger Jahre weltweit zu einem alltäglichen Gebrauchsgegenstand entwickelten [Vit94]. Gleichzeitig entstand ein völlig neuer Markt für mobile Endgeräte, bei denen nicht nur die technologische Funktionalität der Kommunikation im Blickpunkt steht, sondern auch deren Funktion als Lifestyle-Objekt und Statussymbol. Mittlerweile umfasst alltägliche drahtlose Kommunikation längst nicht mehr ausschließlich Sprachkommunikation, sondern auch Datenkommunikation. In diesem Zusammenhang bedeutend sind insbesondere der mittlerweile in Deutschland großflächig verfügbare mobile Internetzugang über UMTS (Universal Mobile Telecommunications System) [CV02] sowie die drahtlose breitbandige Anbindung an lokale Netzwerke mittels WLAN (Wireless Local Area Network) [YCL03]. Im Bereich der Radar-Technologie sind derartige Entwicklungen weniger stark wahrnehmbar, finden aber dennoch statt. Ein wichtiges Beispiel ist der Einsatz von Radar-Sensoren in Kraftfahrzeugen [Wen98]. Dieser ermöglicht Komfortfunktionen im Bereich adaptiver Geschwindigkeitsregelungssysteme und dient darüber hinaus der Implementierung aktiver Sicherheitssysteme, um Funktionen zum Schutz der Passagiere bereits vor einem möglichen Aufprall aktivieren zu können. Derartige Sensoren können mittlerweile bei jedem höherwertigen Kraftfahrzeughersteller als Sonderausstattung bestellt werden.

Vergleicht man die beiden Technologien drahtlose Kommunikation und Radar-Sensorik, so treten zahlreiche Parallelen zu Tage. Zunächst basieren beide Technologien auf Aussendung und Empfang elektromagnetischer Wellen. Allerdings sind die verwendeten Signalformen und die genutzten Frequenzbereiche verschieden. Bezüglich der genutzten Frequenzbereiche fand jedoch in den vergangenen Jahren eine deutliche Annäherung statt auf Grund der

Tatsache, dass drahtlose Kommunikationssysteme immer höhere Trägerfrequenzen bis in den Mikrowellenbereich nutzen, um größere Bandbreiten zur Erzielung hoher Datenübertragungsraten ausschöpfen zu können [RABT02]. Dennoch ist die Bandbreite von Radar-Signalen typischerweise höher als bei drahtlosen Kommunikationssystemen, da zur Erzielung einer vorgegebenen Auflösung eine Mindestsignalbandbreite erforderlich ist.

Auch historisch betrachtet verlief die Entwicklung beider Technologien in engem Zusammenhang. Neben der zivilen Anwendung zur interkontinentalen Funktelegrafie durch Marconi [Bri04], waren der Einsatz und die Weiterentwicklung von Radar-Geräten und Funktelegrafie zunächst stark durch militärische Anwendungen motiviert. Parallel dazu entstanden zahlreiche bedeutende zivile Anwendungen, wie z.B. die zivile Luftraumüberwachung im Bereich der Radar-Sensorik. Auf der Seite der drahtlosen Kommunikation sind Rundfunk und Fernsehen sowie spezielle Funkdienste für Behörden die wichtigsten Beispiele. Insbesondere die Sendertechnologie blieb jedoch für viele Jahre eine Nischentechnologie außerhalb der Reichweite des Massenmarkts. Erst mit der anfangs diskutierten Etablierung drahtloser Kommunikation als Massenprodukt setzte ein ungeheurer Technologieschub ein, der zu einer drastischen Miniaturisierung der benötigten Komponenten und Geräte sowie zu einem Preissturz führte. Momentan geht die Weiterentwicklung für beide Technologien dahin, dass immer mehr Funktionen mit Hilfe von digitaler Signalverarbeitung anstelle von physikalischen Systemkomponenten umgesetzt werden. Im Bereich der drahtlosen Kommunikation wird diese Entwicklung schon seit einigen Jahren unter dem Schlagwort *Software Radio* bzw. *Software Defined Radio* propagiert [Mit95]. Derartige Geräte können als *Cognitive Radio* ein verfügbares Spektrum adaptiv und flexibel belegen [Jon07]. Im Bereich der Radar-Technologie hat jüngst unter den Bezeichnungen *Waveform Agile Radar* bzw. *Cognitive Radar* eine ähnliche Entwicklung eingesetzt [Hay06]. Die Entwicklung im Bereich Radar erfolgt zeitlich verzögert, da hier aufgrund der höheren Signalbandbreiten höhere Anforderungen an die eingesetzten digitalen Signalverarbeitungssysteme bestehen. Grundsätzlich eröffnen derartige Systemkonzepte eine unbegrenzte Flexibilität bezüglich der verwendeten Signalformen und Übertragungsverfahren, da durch einen Austausch der Algorithmen beliebig geformte Sendesignale und hochkomplexe Prozessierungsverfahren eingesetzt werden können.

Denkt man diesen Entwicklungsprozess konsequent weiter, so ist offensichtlich, dass bereits mit heute verfügbarer Technologie flexible Sende- und Empfangsplattformen für elektromagnetische Wellen realisiert werden können, die universell für verschiedene Zwecke sowohl in der drahtlosen Kommunikation als auch in der Radar-Sensorik einsetzbar sind. Ein derartiges multifunktionales System könnte zwei Aufgaben gleichzeitig erfüllen und simultan als Kommunikationssystem und Radar-Gerät arbeiten. Damit ein simultaner Betrieb beider Funktionen tatsächlich möglich ist, genügt es allerdings nicht, eine technologische Plattform zu besitzen, die beide Anwendungen für sich realisieren kann. Geht man davon aus, dass beide Funktionen nicht in benachbarten Frequenzbereichen sondern tatsächlich im gleichen Frequenzband durchgeführt werden sollen, so muss zunächst geklärt werden, ob überhaupt eine Sendesignalform existiert, die gleichermaßen für beide Anwendungen geeignet ist. Weiterhin ist von Interesse, unter welchen Voraussetzungen die optimale Leistungsfähigkeit erzielt wird. Darüber hinaus müssen geeignete Prozessierungsverfahren für den Empfänger gefunden werden. Gelänge es tatsächlich, eine praxistaugliche, gemeinsame Implementierung für drahtlose Kommunikation und Radar-Sensorik auf Basis eines gemeinsamen Sendesignals zu realisieren, so ergäben sich daraus interessante Vorteile für vielfältige Anwendungen. Zunächst kann mit einer Kostenersparnis gerechnet werden, da die Funktionalität von zwei Systemen nun durch ein einziges Gerät zur Verfügung gestellt wird. Nicht weniger interessant sind allerdings die Aspekte der erhöhten spektralen Effizienz und Leistungseffizienz, die sich nur auf diesem Weg erzielen lassen. Werden drahtlose Kommunikation und Radar-Sensorik durch ein gemeinsames Sendesignal realisiert, so wird das durch das Sendesignal belegte Spektrum effizient doppelt genutzt. Insbesondere im Hinblick auf die limitierten verfügbaren spektralen Ressourcen und die immer weiter steigende Nachfrage nach Spektrum ist dies ein entscheidender Vorteil. Gleichzeitig wird die Leistungsaufnahme gegenüber einer Realisierung durch zwei separate Geräte reduziert. Dies betrifft nicht nur die abgestrahlte Sendeleistung, sondern auch die Verlustleistung in den verschiedenen Systemkomponenten, die im Bereich der Hochfrequenztechnik typischerweise deutlich höher als die eigentliche Sendeleistung ist. Schließlich kann darüber hinaus erwartet werden, dass die auf der Kommunikation und Sensor-Information aufbauenden Nutzeranwendungen von der gemeinsamen Realisierung in einem Gerät profitieren würden, da diese eine vereinfachte Fusion der aus den verschiedenen Funktionen gewonnenen Informationen ermöglicht.

Wie bereits zu Anfang diskutiert wurde, stellt momentan der Einsatz in Kraftfahrzeugen einen wichtigen Markt für Radar-Sensoren dar. Gleichzeitig gibt es aktuell Bestrebungen, Fahrzeuge mit Kommunikationssystemen auszurüsten, die zusätzlich zu der bereits etablierten infrastrukturbasierten Kommuni-

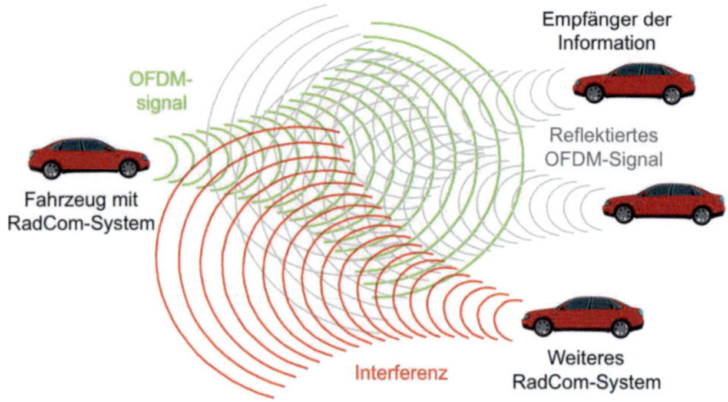

Bild 1.1: Vereinfachtes Anwendungsszenario im Kraftfahrzeugbereich

kation eine direkte Kommunikation zwischen Kraftfahrzeugen ermöglichen. Ein entsprechender Standard für *Car-to-Car Communication* wurde unter der Bezeichnung *IEEE 802.11p* kürzlich verabschiedet [IEE10]. Offensichtlich sind zur Realisierung intelligenter Verkehrstelematik- und Sicherheitssysteme sowohl eine direkte Kommunikation zwischen den Verkehrsteilnehmern als auch eine Überwachung der Umgebung mit Hilfe von Sensoren von hoher Bedeutung. Vor diesem Hintergrund erscheint der Einsatz gemeinsamer Kommunikations- und Radar-Systeme im Automobilbereich momentan als ein viel versprechendes Anwendungsgebiet. Die im Rahmen dieser Arbeit durchgeführten Betrachtungen beziehen sich daher auf einen möglichen Einsatz im Kraftfahrzeugbereich. Dennoch sollte an dieser Stelle ausdrücklich betont werden, dass sich die betrachteten Konzepte, Signalformen und Prozessierungsalgorithmen in allen Bereichen anwenden lassen, in denen eine gemeinsame Implementierung von Kommunikations- und Radar-Funktionen Vorteile bringt, z.B. auch in der Luft- und Raumfahrt. In Bild 1.1 ist ein vereinfachtes Anwendungsszenario im Kraftfahrzeugbereich illustriert. Das auf der linken Seite dargestellte Fahrzeug ist mit einem multifunktionalen Gerät, das drahtlose Kommunikation und Radar-Sensorik auf Basis eines gemeinsamen Sendesignals realisiert, ausgerüstet. Ein derartiges intelligentes und multifunktionales Radar- und Kommunikationssystem wird im Folgenden der Einfachkeit halber kurz als *RadCom*-System bezeichnet. Das RadCom-System sendet ein geeignetes Signal aus, das eine beliebige Nutzinformation zu den anderen Fahrzeugen in der Umgebung transportiert. Trifft dieses Signal auf

Objekte in der näheren Umgebung, wird zwangsläufig aufgrund der Interaktion der elektromagnetischen Welle mit dem Objekt ein Anteil der ausgesendeten Signalenergie zu dem RadCom-System zurück reflektiert. Die Aufgabe des RadCom-Systems besteht nun darin, die Echos des eigenen Sendesignals zu empfangen und in geeigneter Weise zu prozessieren, so dass die reflektierenden Objekte detektiert werden können und ihre Distanz und relative Geschwindigkeit bestimmt werden können. Auf der anderen Seite muss das RadCom-System in der Lage sein, von anderen Fahrzeugen und evtl. auch von Basisstationen gesendete Information zu empfangen. Dabei muss auch berücksichtigt werden, dass möglicherweise ein weiteres System parallel aktiv ist. In diesem Fall muss das RadCom-System über geeignete Mittel verfügen, um die auftretende Interferenz zu unterdrücken. Darüber hinaus sollte es idealerweise in der Lage sein, die von anderen Systemen ausgesendeten Informationen parallel zur Durchführung einer Radar-Messung decodieren zu können.
Die Zielsetzung dieser Arbeit besteht darin, ein Systemkonzept zu entwickeln und zu evaluieren, das eine derartige RadCom-Anwendung mit optimaler Leistungsfähigkeit ermöglicht. In diesem Zusammenhang sollten insbesondere die folgenden Kriterien erfüllt sein:

- Beide Funktionen Radar und Kommunikation sollen simultan zur Verfügung stehen.
- Zur Steigerung der spektralen Effizienz und der Leistungseffizienz sollen beide Funktionen durch ein gemeinsames Sendesignal realisiert werden.
- Für die Durchführung der Radar-Messungen soll ein hoher Dynamikbereich zur Verfügung stehen, welcher insbesondere nicht durch die übertragenen Nutzdaten beeinflusst werden soll.
- Es sollen keine Einschränkungen bezüglich der gesendeten Daten bestehen.
- Die erzielbare Datenrate soll nicht gegenüber einer klassischen Datenübertragung mit derselben Bandbreite eingeschränkt sein.
- Distanz und relative Geschwindigkeit beliebig vieler Objekte sollen unabhängig voneinander bestimmt werden können.
- Die Rechenaufwand bei der Prozessierung im Empfänger soll überschaubar bleiben.

- Das Verfahren soll robust gegenüber Interferenz sein bzw. eine Möglichkeit zur Nutzertrennung in einem Mehrnutzerszenario bieten.

1.2 Stand der Technik

Bislang existieren in der Literatur nur wenige detaillierte Systemkonzepte, die eine gemeinsame Implementierung von drahtloser Kommunikation und Radar-Sensorik ermöglichen. Die Tiefe der Integration der beiden Funktionen ist in diesen Konzepten unterschiedlich stark ausgeprägt. Gleichzeitig umfassen die jeweiligen Anwendungen eine große Spannweite von Kurzstrecken-Anwendungen in Innenräumen bis zu Radar-Netzwerken in der Fernerkundung mit Reichweiten in der Größenordnung von 100 km. Im Folgenden werden die verschiedenen bekannten Ansätze klassifiziert und praktikable Strategien für eine vollständige Integration von Radar und Kommunikation mit hoher Leistungsfähigkeit identifiziert.
Zunächst muss eine Abgrenzung vorgenommen werden zwischen Konzepten, die lediglich eine gemeinsame Hochfrequenz-Plattform für beide Funktionen vorsehen, und solchen, die darüber hinaus ein gemeinsames Sendesignal für beide Funktionen einsetzen. Tatsächlich ist der erstgenannte Ansatz für Systemkonzepte speziell im Kraftfahrzeugbereich nicht unüblich. So wird in [WD07] ein Konzept vorgestellt, in dem Kommunikation und Radar-Sensorik in einem Frequenzmultiplex in benachbarten Frequenzbereichen im 24 GHz ISM-Band durchgeführt werden. Ähnlich gelagert ist der in [HW10] beschriebene Ansatz, wobei hier jedoch anstelle des Frequenzmultiplex' ein Zeitmultiplex zum Einsatz kommt und zeitlich abwechselnd verschiedene Sendesignalformen entweder zur Datenübertragung oder zur Durchführung einer Radar-Messung abgestrahlt werden. Offensichtlich kann mit derartigen Multiplexverfahren die angestrebte Synergie einer höheren spektralen Effizienz jedoch nicht erzielt werden. Der Ansatz Zeit- bzw. Frequenzmultiplex wird daher im Rahmen dieser Arbeit nicht weiter verfolgt.
Der einfachste und nahe liegendste Ansatz zur Implementierung beider Funktionen mit einem gemeinsamen Sendesignal liegt darin, eine klassische Radar-Signalform, wie z.B. einen linear frequenz-modulierten (LFM) Puls, als Sendesignal zu nutzen und die zu übertragende Information in eine Variation der Signalform zu codieren. In [SSB07] wird ein Systemkonzept vorgestellt, bei dem ein LFM-Signal eingesetzt wird und die Information in die Phase des LFM-Pulses codiert wird. Für einen Einsatz in militärischen Radarsystemen werden ähnliche Konzepte untersucht, hier allerdings mit dem Ziel, die

Präsenz der Information innerhalb des LFM-Pulses zu verschleiern [BYS10]. Derartige LFM-Puls basierte Verfahren haben allerdings den Nachteil, dass pro LFM-Puls lediglich ein Nutzdatensymbol übertragen werden kann. Die Pulsfrequenz eines LFM-Radar-Systems ist jedoch typischerweise um Größenordnungen niedriger als die Symbolrate, die bei einer reinen Datenübertragung mit derselben Signalbandbreite ausgesendet werden kann. Daher kann mit diesem Ansatz prinzipiell keine hohe Leistungsfähigkeit bezüglich der spektralen Effizienz der Datenkommunikation erzielt werden. Auch dieser Ansatz scheidet unter den vorgegebenen Anforderungen somit aus.

Um eine hohe Leistungsfähigkeit für beide Funktionen zu erhalten, muss die Wahl der Sendesignalform aus der Perspektive der drahtlosen Kommunikation durchgeführt werden. Zur Übertragung binärer Daten werden im einfachsten Fall diskret phasenmodulierte Signale eingesetzt. Auf der anderen Seite besteht seitens der Radar-Sensorik für das Sendesignal zunächst lediglich die Bedingung, dass dieses ideale Autokorrelationseigenschaften besitzt, um es für Radar-Messungen mit einem korrelations-basierten Empfänger nutzen zu können. Ideale Autokorrelationseigenschaften bedeutet in diesem Zusammenhang, dass die Autokorrelationsfunktion des Signals nur einen einzigen von Null verschiedenen Wert aufweist. Tatsächlich existieren sogenannte *M-Sequenz* Radar-Systeme, die pseudozufällige binäre Sequenzen zur Phasencodierung eines Signals einsetzen, um damit ein rauschähnliches Sendesignal mit idealen Autokorrelationseigenschaften zu erzeugen [Nat91]. Die resultierende Signalstruktur entspricht dabei im Prinzip den in der digitalen Kommunikation eingesetzten Signalformen. Zur Implementierung eines RadCom-Systems auf der Basis phasencodierter Signale muss somit lediglich ein Weg gefunden werden, die Nutzinformation mit einer geeigneten pseudozufälligen Folge in geeigneter Weise zu kombinieren, so dass die resultierende Sequenz die Nutzinformation beinhaltet und gleichzeitig möglichst optimale Autokorrelationseigenschaften aufweist. Ein derartiges Konzept wird in [MUN93] beschrieben, allerdings wird dort ein aktiver Transponder an jedem Fahrzeug vorausgesetzt, der das empfangene Signal modifiziert und anschließend wieder zum ursprünglichen Sender zurückschickt.

Inwieweit ein derartiges phasencodiertes Sendesignal auch für eine reine Radar-Messung ohne die Voraussetzung eines aktiven Transponders eingesetzt werden kann, wurde in eigenen Vorarbeiten umfassend untersucht. Das in diesem Zusammenhang entwickelte Systemkonzept und die erzielten Ergebnisse sind in [SW10] und [SW11] ausführlich beschrieben. Im Folgenden wird ein kurzer Überblick über die mit diesem Ansatz erzielbare Leistungsfähigkeit gegeben. Damit die erwünschten perfekten Autokorrelationseigenschaften des Sendesignals zumindest näherungsweise erreicht werden können, müssen die Nutzdaten nach dem Prinzip der Bandspreizung [Ipa05] mit einem sehr hohen Spreizfaktor mit einer pseudozufälligen Sequenz kombiniert werden. Dadurch reduziert sich in einer limitierten Bandbreite die für die Nutzdaten erzielbare Datenrate und es wird wiederum keine optimale Bandbreiteneffizienz für die Kommunikation erreicht. In der durchgeführten Systemstudie wurde von einer Signalbandbreite von 100 MHz ausgegangen. Da pseudozufällige Folgen typischerweise binär sind, kommt in den Simulationen BPSK (Binary Phase Shift Keying) als Modulationsverfahren zum Einsatz. Um Nebenmaxima im Radar-Bild aus dem Filter zur Impulsformung am Sender zu vermeiden, wird ein *Root-raised Cosine Rolloff*-Filter mit einem Rolloff-Faktor von 1 eingesetzt. Es zeigte sich, dass unter diesen Voraussetzungen für eine Nutzdatenfolge der Länge 256 ein Spreizfaktor von 127 erforderlich ist, um bei der Radar-Messung einen Dynamikbereich in der Größenordnung von 40 dB erreichen zu können. Eine höhere Rahmenlänge führt im Fall der Reflexion von einem bewegten Objekt zu einer deutlichen Degradation der erzielbaren Dynamik, da durch den Doppler-Effekt die Phase der übertragenen Modulationssymbole kontinuierlich verschoben wird. Die in Szenarien mit bewegten Objekten bei der Radar-Messung erzielbare Dynamik bleibt somit auf die Größenordnung von 40 dB begrenzt. Für die angenommenen Parameter ergibt sich eine Nutzdatenrate in der Größenordnung von lediglich 400 kbit/s. Eine einfache Möglichkeit, die relative Geschwindigkeit zu bestimmen, existiert bei diesem Ansatz nicht. Das Konzept bietet hingegen den Vorteil, dass für Mehrnutzerumgebungen eine einfache Nutzertrennung durch eine Zuteilung verschiedener pseudozufälliger Sequenzen vorgenommen werden kann. Insgesamt betrachtet werden jedoch zentrale Anforderungen aus Abschnitt 1.1 hinsichtlich der spektralen Effizienz und der erzielbaren Dynamik nicht erfüllt, so dass auch dieser Ansatz in dieser Arbeit nicht weiter verfolgt wird.

Betrachtet man die Entwicklung neuer Mobilfunkstandards in den vergangenen Jahren, so fällt auf, dass *OFDM*- (Orthogonal Frequency Division Multiplexing) bzw. *Mehrträger*-Signale zunehmend an Bedeutung gewinnen und mittlerweile Grundlage fast jedes neuen Standards sind [RABT02]. So arbeiten unter anderem sowohl die jüngsten WLAN-Standards 802.11a/g/n, sowie der Car-to-Car Communication Standard 802.11p [HDS+10] als auch die Mobilfunktstandards der kommenden vierten Generation *LTE* (Long Term Evolution) und *WiMAX* (Worldwide Interoperability for Microwave Access)

[ACH10] auf Basis von OFDM-Signalen. Der Grundgedanke des OFDM-Verfahrens besteht darin, die zu sendende Information auf mehrere orthogonale Unterträger aufzuteilen und dann parallel zu übertragen. Dadurch erhält man längere Symboldauern für die einzelnen Informationssymbole, wodurch Schwundeffekte besser kompensiert werden können und gleichzeitig eine einfache Entzerrung des Übertragungskanals ermöglicht wird [Eng02]. Auch im Bereich der Radar-Technologie haben Mehrträger-Signale in jüngster Zeit Aufmerksamkeit erfahren. Erstmals wurde deren Anwendung zur Durchführung von Radar-Messungen im Jahr 2000 von Levanon beschrieben [Lev00a]. Die prinzipielle Nutzbarkeit von Mehrträger-Signalen wurde zunächst dadurch begründet, dass diese aufgrund ihres weißen Spektrums inhärent gute Autokorrelationseigenschaften besitzen. Die Motivation für den Einsatz dieser Signale stellte allerdings zunächt nicht die simultane Übertragung von Information dar, sondern die Möglichkeit, das verfügbare Spektrum flexibel selektiv zu belegen und dadurch möglichen Störern gezielt auszuweichen. Eine simultane Übertragung von Nutzdaten durch Phasencodierung der einzelnen Trägersignale im Sinne einer RadCom-Anwendung wurde erstmals 1996 vorgeschlagen [DL06]. Zudem wurde erkannt, dass mit OFDM-Signalen der Doppler-Effekt ausgewertet werden kann und somit die relative Geschwindigkeit von Objekten bestimmt werden kann [LTPvG08]. In den letzten Jahren wurden schließlich erste Systemkonzepte für unterschiedliche Einsatzbereiche vorgestellt, die auf Basis von OFDM-Signalen eine simultane Durchführung von drahtloser Kommunikation und Radar-Sensorik ermöglichen [GSM+07, TdHvG08]. Ein standardisiertes bzw. als optimal anerkanntes Prozessierungsverfahren für die Gewinnung von Distanz- und Doppler-Information aus dem reflektierten OFDM-Signal existiert jedoch bislang nicht. Die im Zusammenhang mit den existierenden Konzepten beschriebenen Prozessierungsalgorithmen sind hoch komplex und weisen allesamt Schwachpunkte auf, wie z.B. eine Abhängigkeit der Leistungsfähigkeit von der gesendeten Nutzinformation sowie nicht unterdrückbare Nebenmaxima, die den Dynamikbereich der Radar-Messungen begrenzen.

Zusammenfassend kann somit festgehalten werden, dass bislang kein Systemkonzept und insbesondere kein Prozessierungsverfahren existieren, die sämtliche in Abschnitt 1.1 abgeleiteten Anforderungen erfüllen. Aus dem Stand der Technik ergeben sich bezüglich der Realisierung eines RadCom-Systems mit hoher Leistungsfähigkeit insbesondere die folgenden Schlussfolgerungen:

- Linear frequenzmodulierte Signale ermöglichen keine hohe spektrale Effizienz für die Kommunikationsanwendung und sind daher ungeeignet.
- Der Einsatz phasenmodulierter Einträgersignale ist insbesondere im Hinblick auf mögliche Doppler-Verschiebungen problematisch. Um eine hohe Dynamik bei der Radar-Messung erreichen zu können, ist eine Spreizcodierung mit hohem Spreizfaktor erforderlich, welche ebenfalls die spektrale Effizienz der Kommunikationsanwendung stark reduziert.
- In Bezug auf den Einsatz von Mehrträger-Signalen für Radar-Messungen sind keine gravierenden Nachteile bekannt. Ein spezielle Codierung des Sendesignals wird in diesem Fall nicht vorausgesetzt. Eine Auswertung der Doppler-Effekts zur Bestimmung der relativen Geschwindigkeit ist möglich.

Somit kann das Fazit gezogen werden, dass nach dem Stand der Technik Mehrträger- bzw. OFDM-Signale unter allen Gesichtspunkten die ideale Basis zur Implementierung eines RadCom-Systems darstellen. Sämtliche weitere Betrachtungen werden sich daher ausschließlich auf OFDM-Signale konzentrieren.

1.3 Lösungsansatz und Gliederung der Arbeit

Das Ziel dieser Arbeit besteht darin, ein Systemkonzept sowie geeignete Signalisierungs- und Prozessierungsverfahren zu entwickeln, die eine simultane Durchführung von drahtloser Kommunikation und Radar-Sensorik auf der Basis eines gemeinsamen OFDM-Sendesignals mit optimaler Leistungsfähigkeit für beide Anwendungen ermöglichen. Unter optimaler Leistungsfähigkeit wird dabei verstanden, dass alle in Abschnitt 1.1 diskutierten Anforderungen erfüllt werden. In dieser Arbeit wird von der Grundannahme ausgegangen, dass das RadCom-System in seinem Aufbau einem klassischen OFDM-System entspricht, wie es typischerweise in der drahtlosen Kommunikation eingesetzt wird. Eine explizite Betrachtung der Anwendung Kommunikation ist daher nicht erforderlich, da deren Implementierung entsprechend bekannter und optimierter Verfahren vorgenommen werden kann. Die Herausforderung besteht stattdessen darin, mit Hilfe des reflektierten und wieder empfangenen OFDM-Signals eine Schätzung von Distanz und Geschwindigkeit einer beliebigen Anzahl von Objekten mit höchst möglicher Messdynamik zu realisieren.

In dieser Arbeit wird ein neuartiger Ansatz zur Lösung dieses Problems aufgezeigt und umfangreich evaluiert. Dieser Ansatz unterscheidet sich von den bislang bekannten Verfahren insbesondere darin, dass die Prozessierung zur Gewinnung der Distanz- und Geschwindigkeits-Information nicht direkt an den empfangenen Signalen vorgenommen wird. Stattdessen werden zunächst die die Nutzinformation tragenden Modulationssymbole durch den Empfänger zurückgewonnen. Dann wird anhand der Veränderung dieser Modulationssymbole gegenüber den gesendeten Modulationssymbolen die Distanz und die relative Geschwindigkeit ermittelt. Durch die Verlagerung des Problems in den Bereich der Modulationssymbole kann eine verblüffend einfache Vorgehensweise gefunden werden, die gleichzeitig eine vollständige Entfernung der Nutzinformation und damit die Unabhängigkeit der Radar-Messung von der übertragenen Nutzinformation garantiert. Damit wird gleichzeitig die im Fall der Einträger-Signale gegebene Voraussetzung der idealen Autokorrelationseigenschaften des Sendesignals aufgehoben. Auch unter dem Gesichtspunkt der praktischen Implementierung ist dieser Ansatz vorteilhaft. Eine Rückgewinnung der Modulationssymbole muss zur Decodierung der von anderen Systemen gesendeten Nutzinformation ohnehin erfolgen. Der für die Durchführung der Radar-Messung erforderliche Mehraufwand ist auf einfache arithmetische Operationen sowie diskrete Fourier-Transformationen beschränkt. Das entwickelte Verfahren erlaubt darüber hinaus eine beliebig hohe Messdynamik durch eine einfache Anwendung von Fensterfunktionen im Zusammenhang mit den Fourier-Transformationen. Die Vorteile des entwickelten neuartigen Verfahrens sind in der folgenden Übersicht zusammengefasst. Wie die aufgeführten Punkte zeigen, erfüllt dieses Verfahren alle in Abschnitt 1.1 gestellten Anforderungen.

- Die Leistungsfähigkeit der Radar-Messung ist vollständig unabhängig von der gesendeten Nutzinformation. Eine Radar-Messung kann mit beliebigen Nutzdaten durchgeführt werden. Eine spezielle Codierung dieser Nutzdaten wird nicht vorausgesetzt.

- Das Verfahren erlaubt eine gemeinsame und voneinander unabhängige Bestimmung von Distanz und relativer Geschwindigkeit für eine unbegrenzte Anzahl reflektierender Objekte.

- Der Dynamikbereich ist prinzipiell nur durch die aus der Fourier-Transformation resultierenden Nebenmaxima begrenzt. Durch eine Anwendung von Fensterfunktionen kann ein sehr hoher Dynamikbereich erzielt werden.
- Ein auftretender Doppler-Effekt wird durch das Verfahren inhärent berücksichtigt. Dadurch sind sehr hohe Integrationszeiten und somit hohe Prozessierungsgewinne realisierbar.
- Der notwendige Rechenaufwand zusätzlich zur ohnehin erforderlichen Rückgewinnung der Modulationssymbole beschränkt sich auf einfache arithmetische Operationen sowie diskrete Fourier-Transformationen.

In dieser Arbeit wird jedoch nicht ausschließlich eine theoretische Betrachtung dieses Verfahrens durchgeführt. Vielmehr wird auch dessen Anwendbarkeit unter praktischen Gesichtspunkten umfassend evaluiert. Dabei kommen sowohl umfangreiche Computersimulationen als auch Messungen in statischen und dynamischen Szenarien zum Einsatz. In diesen Untersuchungen werden vielseitige, für eine praktische Implementierung eines RadCom-Systems wichtige Fragestellungen untersucht, unter anderem hinsichtlich der optimalen Parametrisierung des OFDM-Systems, der tatsächlich im Rahmen der bestehenden Frequenzregulierungen erzielbaren Reichweiten sowie der erforderlichen Quantisierungstiefe bei der Analog-zu-Digital-Wandlung der Signale. Durch diese Untersuchungen wird ein umfassendes Bild der Leistungsfähigkeit eines RadCom-Systems unter realen Bedingungen gewonnen. Einen wichtigen Aspekt stellen auch die in dynamischen Szenarien durchgeführten Verifikationsmessungen dar. Vergleichbare Untersuchungen gibt es in der Literatur bislang nicht. Alle Betrachtungen werden beispielhaft für eine mögliche RadCom-Anwendung im 24 GHz ISM-Band durchgeführt, das lizenzfrei genutzt werden darf [Bun03]. Dieses Band wurde gewählt, da es weltweit eine Bandbreite von über 100 MHz zur Verfügung stellt und darüber hinaus bereits von reinen Radar-Sensoren im Kraftfahrzeugbereich genutzt wird [SBM+09].

Ein wichtiger Gesichtspunkt ist darüber hinaus die Frage, inwieweit mehrere derartige RadCom-Systeme gleichzeitig in einem begrenzten Frequenzbereich operieren können, ohne sich gegenseitig zu stören. Das einzelne RadCom-System wird letztendlich Teil eines Netzwerks aus vielen Systemen sein und muss daher in der Lage sein, simultan zum eigenen Betrieb auch die von anderen Fahrzeugen ausgesendeten Informationen zu empfangen. Eine geeignete Modifikation der klassischen OFDM-Signalform zur Realisierung eines

Mehrfachzugriffsverfahrens, das mehreren Teilnehmern die simultane Nutzung eines gemeinsamen Frequenzbereichs erlaubt, ohne dass dabei nachhaltig Interferenz auftritt, wird im Abschluss dieser Arbeit vorgestellt und evaluiert.

Die einzelnen Kapitel dieser Arbeit sind folgendermaßen strukturiert. In Kapitel 2 werden zunächst die Struktur eines OFDM-Signals sowie der Aufbau eines geeigneten Senders und Empfängers vorgestellt. Anschließend werden die bereits in der Literatur beschriebenen Ansätze zur Durchführung von Radar-Messungen mit OFDM-Signalen detailliert betrachtet. Aufbauend auf diesen Betrachtungen wird schließlich ein neuartiger Ansatz entwickelt, dessen Grundlage nicht das empfangene Signal selbst, sondern die aus diesem rekonstruierten Modulationssymbole darstellen. Dieses Verfahren wird zunächst für die Messung der Distanz abgeleitet und danach auf die Messung der relativen Geschwindigkeit übertragen. Schließlich werden beide Verfahren zu einem zweidimensionalen Messverfahren kombiniert, mit dem Distanz und relative Geschwindigkeit gemeinsam und eindeutig bestimmt werden können. In Kapitel 3 werden vor dem Hintergrund einer praktischen Implementierung Randbedingungen hinsichtlich der Wahl der Systemparameter betrachtet und eine geeignete Systemparametrisierung für eine Anwendung im 24 GHz ISM-Band abgeleitet, die sowohl den Anforderungen der drahtlosen Kommunikation als auch der Radar-Sensorik genügt. Anschließend wird die Implementierung eines Systemmodells in MatLab beschrieben. Mit Hilfe dieses Modells wird schließlich die Funktionsfähigkeit des entwickelten Verfahrens demonstriert sowie dessen Leistungsfähigkeit hinsichtlich der erzielbaren Dynamik unter dem Einfluss von Rauschen, Interferenz und Doppler genauer untersucht. Dabei wird auch betrachtet, welche Reichweiten in einer praktische Anwendung erwartet werden können. In Kapitel 4 wird der Aufbau eines Systemdemonstrators basierend auf Laborgeräten beschrieben. Es werden Ergebnisse von Verifikationsmessungen sowohl bezüglich der prinzipiellen Funktionsfähigkeit des entwickelten Verfahrens als auch hinsichtlich des Prozessierungsgewinns gezeigt. Weiterhin wird die für die Analog-zu-Digital-Wandlung im Empfänger erforderliche Quantisierungstiefe untersucht. Darüber hinaus werden Ergebnisse eines Systemtests in einem realen Straßenverkehrsszenario gezeigt. Insgesamt wird so eine umfassende Evaluierung der in einer realen Anwendung erzielbaren Leistungsfähigkeit durchgeführt. In Kapitel 5 wird schließlich ein Modifikation der klassischen OFDM-Signalform zur Realisierung eines Mehrfachzugriffsverfahrens vorgestellt, mit dessen Hilfe mehrere RadCom-Systeme mit sehr geringer Interferenz im selben Frequenzbereich betrieben werden können. Auch hier wird die Leistungsfähigeit zunächst theoretisch untersucht. Mit einem entsprechend weiterentwickelten Simulationsmodell werden die Funktionsfähigkeit unter dem Einfluss starker Interferenz demonstriert und der Einfluss von Störgrößen wie Doppler und nicht-perfekter Zeitsynchronisation analysiert. Die erzielten Ergebnisse werden anschließend auch hier durch Messungen verifiziert und auf ein reales Anwendungsszenario abgebildet. Abschließend werden in Kapitel 6 Schlussfolgerungen aus den wichtigsten Erkenntnissen dieser Arbeit gezogen.

2 Radarbildgebung mit OFDM-Signalen

In diesem Kapitel werden zunächst die Struktur von OFDM-Signalen sowie der typische Aufbau eines geeigneten Senders und Empfängers beschrieben. Anschließend werden in der Literatur beschriebene Verfahren zur Durchführung von Radar-Messungen mit OFDM-Signalen detailliert betrachtet. Dabei werden insbesondere mögliche Einschränkungen hinsichtlich der mit dem Signal übertragbaren Nutzdaten als auch des erreichbaren Dynamikbereichs berücksichtigt. Schließlich wird Schritt für Schritt ein neuartiges Verfahren zur Durchführung von Radar-Messungen mit OFDM-Signalen abgeleitet, das ausschließlich auf den im Empfänger zurückgewonnenen Modulationssymbolen basiert. Dieses Verfahren wird zunächst für die Messung der Distanz, danach für die Messung der relativen Geschwindigkeit und schließlich für eine gemeinsame Messung beider Größen beschrieben. Abschließend wird die Leistungsfähigkeit dieses neuen Verfahrens mit derjenigen der bekannten Verfahren verglichen und der für die Prozessierung benötigte Rechenaufwand abgeschätzt.

2.1 OFDM-Übertragung und Systemkonzept

OFDM (*Orthogonal Frequency Division Multiplexing*) ist strenggenommen kein Modulationsverfahren sondern ein Multiplexverfahren, bei dem mehrere Datenströme auf orthogonalen Trägerfrequenzen übertragen werden. Die zu übertragenden Daten selbst können mit einem beliebigen Verfahren auf die einzelnen Trägerfrequenzen aufmoduliert werden, typischerweise werden hierfür diskrete Phasenmodulationsverfahren (*PSK, Phase Shift Keying*) oder Quadratur-Amplitudenmodulation (*QAM, Quadrature Amplitude Modulation*) eingesetzt. Die einzelnen Trägersignale werden auch als *Unterträger* bezeichnet. In der Praxis wird das Verfahren typischerweise so angewendet, dass ein einziger Datenstrom mit hoher Datenrate in mehrere parallele Datenströme aufgeteilt wird. Diese besitzen dann eine deutlich verringerte Symbolrate und können einfacher übertragen werden, da aufgrund der längeren Sym-

boldauern eine höhere Robustheit gegeben ist und die Entzerrung im Empfänger vereinfacht wird. Die dem OFDM-Verfahren zu Grunde liegende Idee wird erstmals in [Cha66] diskutiert. Eine mögliche praktische Implementierung wird erstmals in [WE71] theoretisch beschrieben. Das Verfahren findet mittlerweile Anwendung in zahlreichen Technologien und zwar sowohl in der drahtgebundenen Datenübertragung, z.B. für breitbandige DSL Internet-Anschlüsse (*Digital Subscriber Line*) [KMS95], als auch in der drahtlosen Datenübertragung mit den bereits diskutierten Standards WLAN, LTE und WiMAX und darüber hinaus auch bei der digitalen Fernseh- und Radioübertragung in den DVB-Standards (*Digital Video Broadcasting*) [Rei98].
Ein OFDM-Signal wird mathematisch durch folgenden Ausdruck beschrieben:

$$x(t) = \sum_{\mu=0}^{N_{\text{sym}}-1} \sum_{n=0}^{N_{\text{c}}-1} d_{\text{Tx}}\left(\mu N_{\text{c}} + n\right) \, \exp\left(j2\pi f_n t\right) \, \text{rect}\left(\frac{t-\mu T}{T}\right). \quad (2.1)$$

Dabei bezeichnet $x(t)$ das (komplexwertige) OFDM-Signal im Basisband, N_{c} die Anzahl der genutzten Trägersignale bzw. Unterträger, N_{sym} die Anzahl der insgesamt übertragenen OFDM-Symbole, $d_{\text{Tx}}(\mu, n)$ die komplexwertigen Modulationssymbole, die die zu übertragende Information repräsentieren, f_n die individuellen Frequenzen der Unterträger und T die elementare OFDM-Symboldauer. Der Index n bezieht sich auf die einzelnen Unterträger, der Index μ numeriert die zeitlich aufeinander folgenden OFDM-Symbole. Unter der Bezeichnung *OFDM-Symbol* versteht man die Gesamtheit aller N_{c} zu einem durch den Index μ spezifizierten Zeitpunkt aktiven Modulationssymbole. Die Funktion $\text{rect}(t/T)$ bezeichnet ein Rechteckfenster der Zeitdauer T. Durch Einsetzen von $\mu = 0$ gewinnt man folgende vereinfachte Darstellung für ein einzelnes OFDM-Symbol:

$$x(t) = \sum_{n=0}^{N_{\text{c}}-1} d_{\text{Tx}}(n) \, \exp\left(j2\pi f_n t\right), \; 0 \leq t \leq T. \quad (2.2)$$

Damit die einzelnen Unterträger tatsächlich orthogonal sind und im Empfänger interferenzfrei getrennt werden können, muss deren Frequenz im Basisband ein ganzzahliges Vielfaches der durch die elementare OFDM-Symboldauer T festgelegten Grundschwingung betragen. Somit ergibt sich folgende Bedingung an die einzelnen Unterträger:

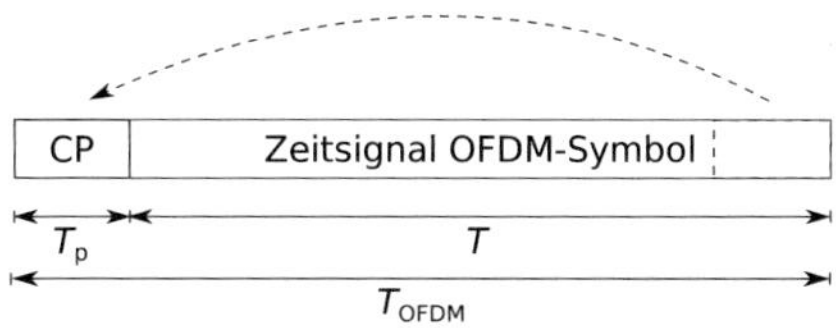

Bild 2.1: Einfügen des Cyclic Prefix

$$f_n = n\Delta f = \frac{n}{T},\ n = 0, \ldots, N_c - 1. \tag{2.3}$$

Der Abstand Δf der einzelnen Unterträger im Frequenzbereich entspricht folglich dem Inversen der elementaren OFDM-Symboldauer T. Da insgesamt N_c Unterträger parallel übertragen werden, entspricht die OFDM-Symboldauer T dem N_c-fachen Wert derjenigen Symboldauer, die bei einer gewöhnlichen Übertragung mit lediglich einem Trägersignal auftreten würde. Aufgrund der rechteckigen Pulsformung in Gleichung (2.1) besitzt das Spektrum jedes einzelnen Unterträgers die Form einer $\sin(x)/x$-Funktion. Das gesamte OFDM-Spektrum besteht somit aus einer Summe von N_c $\sin(x)/x$-Funktionen, wobei die einzelnen Funktionen jeweils um Δf im Frequenzbereich zueinander verschoben sind:

$$X(f) = \sqrt{T} \sum_{n=0}^{N_c-1} d_{\mathrm{Tx}}(n) \frac{\sin(\pi(f - f_n)T)}{(\pi(f - f_n)T)}. \tag{2.4}$$

Unter der Voraussetzung einer hohen Anzahl von Unterträgern nimmt die Einhüllende des OFDM-Spektrums folglich näherungsweise eine Rechteckform an. Dadurch wird das zur Verfügung stehende Spektrum sehr effizient genutzt. Im Gegensatz dazu besitzt das Zeitsignal $x(t)$ allerdings keine konstante Einhüllende, sondern weist Leistungsspitzen auf, deren Höhe durch das *Peak to Average Power Ratio, PAPR* charakterisiert wird.

Das Auftreten von Intersymbolinterferenz durch Mehrwegeausbreitung zwischen zwei zeitlich aufeinander folgenden OFDM-Symbolen kann bei einer OFDM-Übertragung sehr elegant vermieden werden. Die typische Vorgehensweise hierzu besteht darin, dass zwischen zwei aufeinander folgende OFDM-Symbole jeweils ein sogenanntes Schutzintervall (*Guard Interval*) bzw. zyklisches Präfix (*Cyclic Prefix*) eingefügt wird. Das Einfügen des Cyclic Prefix ist in Bild 2.1 grafisch veranschaulicht. Das Cyclic Prefix stellt eine partielle Wiederholung der Dauer T_p des OFDM-Zeitsignals dar, wobei typischerweise der zu wiederholende Ausschnitt vom Ende des jeweiligen OFDM-Symbols kopiert und diesem dann vorangestellt wird [Eng02]. Durch diese Vorgehensweise, die für jedes übertragene OFDM-Symbol individuell angewendet wird, erhält man jeweils einen stetigen Übergang aller Unterträger zwischen dem Cyclic Prefix und dem ursprünglichen Zeitsignal. Die Dauer jedes OFDM-Symbols erhöht sich dadurch auf den Gesamtwert $T_\mathrm{OFDM} = T + T_\mathrm{p}$. Das Symbol mit $\mu = 0$ belegt dann insgesamt das Zeitintervall $[-T_\mathrm{p}, T)$. Der Empfänger schneidet das Cyclic Prefix heraus und betrachtet das Empfangssignal nur im Zeitintervall $[0, T)$. Eventuell vorhandene Mehrwegekomponenten aus dem vorangehenden OFDM-Symbol sind dann bereits abgeklungen und das empfangene Signal ist frei von Intersymbolinterferenz, vorausgesetzt, dass die Dauer T_p des Cyclic Prefix größer als die maximale Mehrwegelaufzeit gewählt wird. Durch das Einfügen des Cyclic Prefix reduziert sich die verfügbare Datenrate um den Faktor $(T+T_\mathrm{p})/T$. Die Dauer T_p des Cyclic Prefix sollte folglich deutlich kürzer als die elementare Symboldauer T gewählt werden. Da das Cyclic Prefix vom Empfänger ignoriert wird und somit Energie verloren geht, reduziert sich auch die Energieeffizienz der Übertragung um den selben Faktor $(T + T_\mathrm{p})/T$. Die Energie pro OFDM-Symbol bleibt dadurch allerdings unberührt, da sich die Symboldauer T selbst nicht verändert. Nach dem Ausschneiden des Cyclic Prefix im Empfänger nimmt das Signal im Basisband schließlich wieder dieselbe Form wie in den Gleichungen 2.1 und 2.2 an. Das Cyclic Prefix kann daher für den Fall exakter Synchronisation in der mathematischen Beschreibung der Basisband-Signale vernachlässigt werden.

Die typische Implementierung eines OFDM-Übertragungssystems bestehend aus Sender und Empfänger ist in Bild 2.2 gezeigt. Sowohl die Generierung des Mehrträgersignals im Sender als auch die Zerlegung in die Unterträger und die Rückgewinnung der Modulationssymbole im Empfänger erfolgen vollständig in digitaler Signalverarbeitung. Die in diesem Bereich dargestellten Funktionsblöcke beziehen sich folglich nicht auf tatsächlich vorhandene Systemkomponenten sondern stellen lediglich Elemente von Software dar.

Im Sender wird der zu übertragende Datenstrom $d_\mathrm{Tx}(\mu, n)$ zunächst in N_c parallele Datenströme zerlegt. Die Daten sind dabei bereits mittels eines geeigneten Modulationsverfahrens, wie z.B. PSK, in komplexwertige Modulationssymbole codiert. Im Fall von 4-PSK werden beispielsweise jeweils zwei binäre Datensymbole auf ein Modulationssymbol $d_\mathrm{Tx}(\mu, n) \in \{1, -1, j, -j\}$ abgebildet, wobei j für die imaginäre Einheit steht ($\sqrt{j} = -1$). Die Modulati-

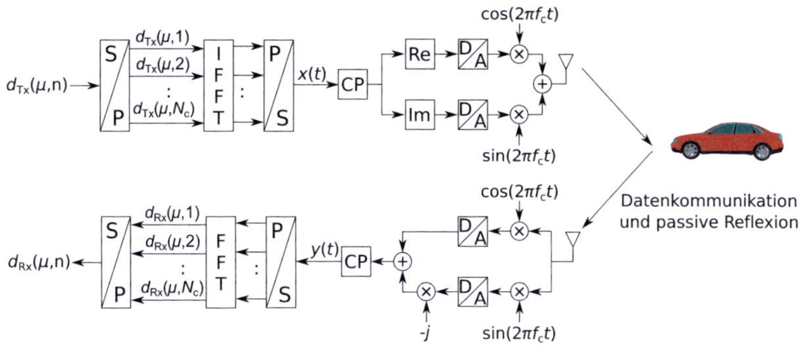

Bild 2.2: Typische Implementierung eines OFDM-Systems

onssymbole können darüber hinaus einer Kanalcodierung zur späteren Detektion und Korrektur von Übertragungsfehlern unterworfen sein. Das Zeitsignal im Basisband $x(t)$ eines einzelnen OFDM-Symbols wird generiert, indem die zu einem OFDM-Symbolindex μ parallel anliegenden Modulationssymbole $d_{\mathrm{Tx}}(\mu, n)$ einer inversen diskreten Fourier-Transformation unterworfen werden. In der Praxis wird hierfür eine inverse schnelle Fourier-Transformation (*Inverse Fast Fourier Transform, IFFT*) eingesetzt, welche eine sehr effiziente Implementierung einer inversen diskreten Fourier-Transformation darstellt. Im Zeitsignal wird daraufhin für jedes OFDM-Symbol das Cyclic Prefix erzeugt und eingesetzt. Nach der anschließenden separaten Digital-zu-Analog-Wandlung des Real- und des Imaginärteils wird das Basisband-Signal über einen Quadraturmischer auf die Trägerfrequenz f_{c} gemischt und über eine Sendeantenne abgestrahlt.

Im Fall der Durchführung einer Radar-Messung ist der auf derselben Plattform vorhandene Empfänger simultan aktiv und empfängt die Reflexionen des ausgesendeten OFDM-Signals. Dabei muss dafür Sorge getragen werden, dass separate Sende- und Empfangsantennen vorhanden sind und diese ausreichend voneinander entkoppelt sind, so dass der Empfänger nicht durch eine direkte Einkopplung des Sendesignals übersteuert wird. Sender und Empfänger sind in dem Blockschaltbild in Bild 2.2 in einer *Homodyn*-Architektur aufgebaut. Dies bedeutet, das empfangene Signal wird mit Quadraturmischern direkt auf die Trägerfrequenz bzw. ins Basisband gemischt, ohne dass zunächst eine Mischung auf eine Zwischenfrequenz erfolgt. Alternativ kann das OFDM-System selbstverständlich auch in einer *Heterodyn*-Architektur mit jeweils einer weiteren Mischstufe und einer Zwischenfrequenzebene in Sender und Empfänger aufgebaut werden. Wenn das OFDM-System zur Durchführung von Radar-Messungen genutzt werden soll, muss in den einzelnen Mischstufen im Sender und im Empfänger jeweils dasselbe Lokaloszillator-Signal zum Einsatz kommen, damit Sende- und Empfangssignal phasenkohärent sind. Nach einer Analog-zu-Digital-Wandlung der I- und Q-Komponente steht das komplexwertige Basisband-Signal $y(t)$ zur weiteren Prozessierung zur Verfügung. Dieses Signal ist gleichzeitig der Ausgangspunkt der klassischen in der Literatur beschriebenen Verfahren zur Durchführung von Radar-Messungen mit OFDM-Signalen. In dieser Arbeit wird jedoch ein anderer Ansatz für die Radar-Prozessierung gewählt. Nach der Mischung ins Basisband und dem Ausschneiden des Cyclic Prefix wird das empfangene Signal einer schnellen Fourier-Transformation (*Fast Fourier Transform, FFT*) unterworfen, als deren Resultat sich direkt die empfangenen Modulationssymbole $d_{\mathrm{Rx}}(\mu, n)$ ergeben, die schließlich wieder in einen seriellen Strom konvertiert werden. Die empfangenen Modulationssymbole $d_{\mathrm{Rx}}(\mu, n)$ sind durch den Ausbreitungskanal in Amplitude und Phase gegenüber den gesendeten Modulationssymbolen $d_{\mathrm{Tx}}(\mu, n)$ verändert. Zur Decodierung der Information bei der Datenübertragung müssen die empfangenen Modulationssymbole $d_{\mathrm{Rx}}(\mu, n)$ mit Hilfe eines geeigneten Verfahrens im Empfänger entzerrt werden. Die gesendeten und empfangenen Modulationssymbole $d_{\mathrm{Tx}}(\mu, n)$ und $d_{\mathrm{Rx}}(\mu, n)$ bilden gleichzeitig die Grundlage des in dieser Arbeit vorgestellten neuartigen Ansatzes zur Durchführung der Radar-Messung.

2.2 Stand der Technik bei Radar-Messungen mit OFDM-Signalen

Die in Kapitel 1.2 einleitend diskutierten bekannten Verfahren zur Durchführung von Radar-Messungen mit Mehrträger- bzw. OFDM-Signalen werden im Folgenden detailliert betrachtet. Die grundlegenden Publikationen, in denen erstmalig die Eignung von Mehrträgersignalen als Basis für Radar-Messungen diskutiert wird, sind die Veröffentlichungen von Levanon [Lev00a, Lev00b] aus dem Jahr 2000. Die Möglichkeit einer simultanen Datenübertragung spielt bei Levanon allerdings keine Rolle. Die Motivation zur Verwendung von Mehrträgersignalen besteht hier darin, dass mit diesen ein breites verfügbares Frequenzband adaptiv und flexibel belegt werden kann, so dass eventuell vorhandene schmalbandige Störsignale ausgeblendet werden können. Der Anwendungsbereich für derartige Verfahren liegt typischerweise bei militärischen Radar-Systemen. Darüber hinaus wurde von Levanon untersucht, mit welcher Phasenkonstellation der Unterträger hohe Spitzenwerte im Ausgangssignal vermieden werden können. Die prinzipielle Eignung von Mehrträger-Signalen für den Einsatz für Radar-Messungen wird dabei nicht tiefer hinterfragt. Es wird stattdessen darauf vertraut, dass Mehrträger-Signale aufgrund ihres rauschähnlichen Spektrums inhärent gute Autokorrelationseigenschaften besitzen. Für die Prozessierung im Empfänger wird angenommen, dass das empfangene Signal mit dem Sendesignal korreliert wird. Beispielergebnisse zeigen Nebenmaxima in der Größenordnung von -20 dB bezogen auf das Hauptmaximum.

Eine weitere Anwendung von Mehrträger-Signalen mit festen Phasenkonstellationen der Unterträger, die im selben Zeitraum enstand, stellen Verfahren zur Kanalmessung bzw. sogenannte *Channel Sounder* dar. Diese erlauben es, die Kanalimpulsantwort zwischen räumlich getrennten Sendern und Empfängern zu ermitteln. Auch für diesen Zweck ist der Einsatz von Mehrträgersignalen vorteilhaft [THRS01], wobei jedoch kein Interesse an einer gleichzeitigen Informationsübertragung besteht bzw. diese sogar prinzipiell unmöglich ist, da der Empfänger zur Bestimmung der Kanalimpulsantwort die gesendeten Modulationssymbole bereits kennen muss.

Die Idee, die Phase der einzelnen Unterträger während der Übertragung gezielt umzutasten und dadurch Information parallel zur Durchführung einer Radar-Messung zu übertragen, wird erstmals im Jahr 2006 von Donnet beschrieben [DL06]. Während diese Veröffentlichung noch relativ abstrakt gehalten ist, folgen kurz darauf detalliertere Systemkonzepte. Garmatyuk stellt 2007 ein Konzept sowie ein mögliches Anwendungsszenario für ein gemeinsames Radar- und Kommunikationssystem basierend auf Mehrträger-Signalen vor [GSM+07]. In [GS08] präsentiert Garmatyuk einen funktionsfähigen Aufbau, der gemäß der UWB-Regulierung der amerikanischen Lizenzbehörde FCC [Com02] mit einer Bandbreite von 500 MHz und einer sehr niedrigen Sendeleistung arbeitet. Auch hier kommt eine Korrelation für die Prozessierung im Empfänger zum Einsatz. Untersucht wird zunächst ausschließlich die Messung der Distanz. Spezifische Vorgaben an die übertragenen Nutzdaten werden nicht gemacht. Aufgrund hoher auftretender Nebenmaxima liegt der Dynamikbereich des Systems lediglich in der Größenordnung von 10 dB. Durch die geringe Sendeleistung ist die Anwendung auf eine Distanz von wenigen Metern beschränkt. In [GSK11] wird schließlich eine Erweiterung des Konzepts zu einem Radar-System mit synthetischer Apertur gezeigt, das bei bekannter Bewegung des Systems zweidimensionale Radar-Bilder erzeugen kann. Eine Verbesserung des Dynamikbereichs wird hierbei jedoch nicht erzielt.

Gleichzeitig gewinnt auch das Thema Doppler-Messung an Interesse. In [FNvG06] untersucht Franken die im Fall einer Doppler-Verschiebung bei einer Radar-Anwendung auftretenden Verluste und zeigt, dass OFDM-Signale bei geeigneter Parametrisierung sehr robust gegen Doppler-Verschiebungen sind. Weiter führende Publikationen von Lellouch aus der selben Arbeitsgruppe [LPvG08, LTPvG08] beschreiben die detaillierte Implementierung eines Doppler-Prozessors und zeigen, dass durch eine Mittelung über die einzelnen Unterträger eine höhere Präzision bei der Schätzung des Dopplers im Vergleich zu konventionellen Radar-Signalen erzielt werden kann. Diese Untersuchungen gehen allerdings von der Annahme eines gepulsten Mehrträger-Signals aus. Eine simultane Datenübertragung ist nicht vorgesehen. Der beschriebene Algorithmus berücksichtigt lediglich eine Doppler-Messung aber keine gleichzeitige Messung der Distanz. Von Tigrek wird schließlich eine Weiterentwicklung des Verfahrens publiziert [TdHvG08], worin nun tatsächlich ein simultane Datenübertragung mit kontinuierlichen Signalen sowie eine Auswertung von Distanz und Doppler möglich ist. Das Prozessierungsverfahren entspricht weitgehend einem klassischen korrelations-basierten Radar-Empfänger. Die Grundlage der Prozessierung sind die Basisband-Signale. Das Verfahren weist allerdings hohe Nebenmaxima bei der Auswertung des Dopplers auf. Der nutzbare Dynamikbereich für die Doppler-Messung innerhalb einer Entfernungszelle liegt bei den gezeigten Ergebnissen in der Größenordnung von 10 dB. Bei welchen relativen Geschwindigkeiten die Nebenmaxima tatsächlich in einer praktischen Anwendung auftreten, ist nicht ersichtlich, da nur normierte Ergebnisse gezeigt werden. In [TdHvG09] geht Tigrek schließlich auf eine spezifische Anwendung für ein Radar-System mit ca. 1 MHz Signalbandbreite bei einer Trägerfrequenz von 10 GHz ein. In diesem Fall erscheinen die Nebenmaxima im Doppler im Abstand von ca. 15 m/s. Das höchste Nebenmaximum im Doppler liegt nach wie vor in der Größenordnung von 10 dB, die Höhe der Nebenmaxima ist interessanterweise von der Distanz der Objekte abhängig. Zur Dynamik der Entfernungsmessung wird keine Angabe gemacht. Als Ursache der Nebenmaxima identifiziert Tigrek das Cyclic Prefix und schlägt vor, optional zur Vermeidung der Nebenmaxima ein Sendesignal ohne Cyclic Prefix mit einer speziellen Phasenkonstellation auszusenden. Damit ist praktisch keine Übertragung von In-

formation mehr möglich und das Verfahren entspricht im Prinzip demjenigen von Levanon. Das Verfahren von Tigrek besitzt somit die Einschränkung, dass im Fall einer simultanen Informationsübertragung eine Unterscheidung mehrerer Objekte mit unterschiedlicher relativer Geschwindigkeit innerhalb einer Entfernungszelle praktisch nicht möglich ist.
Ein weiterer Fortschritt in der Prozessierung, der das Problem des Verfahrens von Tigrek löst, wurde interessanterweise im Bereich passiver Radar-Systeme erzielt. Berger beschreibt in [BZW+08] ein Verfahren, das mit Hilfe der von Fernsehsendern nach dem DVB-Standard ausgesendeten OFDM-Signale eine Bestimmung von Distanz und relativer Geschwindigkeit von Flugzeugen ermöglicht. Eine ausführliche Beschreibung findet sich in [BDH+10]. Da es sich um eine passive Radar-Anwendung handelt, muss im Empfänger zunächst die Nutzinformation aus dem DVB-Signal decodiert werden. Das anschließend für die Radar-Prozessierung eingesetzte Verfahren kann als ein *Matched Filter* interpretiert werden, das die in den Sendesignalen enthaltenen Modulationssymbole vollständig berücksichtigt. Wie die in diesen Publikationen vorgestellten Beispielergebnisse zeigen, treten mit diesem Algorithmus tatsächlich keine Mehrdeutigkeiten oder sichtbare Nebenmaxima auf. Allerdings wird an sämtlichen Bildern in beiden Veröffentlichungen keine Achsenskalierung für die Amplitude angegeben, so dass der tatsächlich erreichbare Dynamikbereich nicht ersichtlich ist. Dies ist vermutlich vor dem Hintergrund zu sehen, dass das beschriebene Verfahren in militärischen Systemen Anwendung findet. Die Grundlage für die Durchführung der Prozessierung bilden auch bei diesem Verfahren nach wie vor die Basisband-Signale. Die Prozessierung selbst ist relativ aufwändig.
Wie dieser Überblick zeigt, befindet sich die Forschung zur Nutzung von OFDM-Signalen für Radar-Anwendung noch in einem jungen Stadium. Die wichtigsten Erkenntnisse aus der Analyse der bisherigen Forschungsarbeiten auf diesem Gebiet lauten:

- Der Ansatz, korrelationsbasierte Prozessierungsverfahren, wie sie bei Einträgersignalen zum Einsatz kommen, einfach auf OFDM-Signale zu übertragen, ermöglicht aufgrund der aus den nicht-perfekten Autokorrelationseigenschaften des OFDM-Signals resultierenden Nebenmaxima keine hohe Dynamik.

- Diese Problematik kann durch den Einsatz spezieller Matched Filter Verfahren umgangen werden, die die in den Signalen enthaltenen Modulationssymbole während der Prozessierung eliminieren.

- Bei den in der Literatur beschriebenen Verfahren, die den Einfluss der Nutzinformation kompensieren, stellen weiterhin die Basisband-Signale die Eingangsgrößen dar. Die Verfahren sind komplex und der Prozessierungsaufwand ist hoch.
- Keines der beschriebenen Verfahren nutzt die zweidimensionale Struktur der OFDM-Signale mit den Dimensionen Frequenz (Unterträger) und Zeit (OFDM-Symbol) explizit aus. Diese zweidimensionale Struktur stellt jedoch gerade den entscheidenden Unterschied gegenüber Einträgersignalen dar, die lediglich die Dimension Zeit besitzen.

In den folgenden Abschnitten wird ein Verfahren hergeleitet, das sich an Stelle der Basisband-Signale direkt auf die gesendeten und empfangenen Modulationssymbole stützt und als eine Weiterentwicklung des Verfahrens von Berger interpretiert werden kann. Mit diesem neuen Ansatz kann sowohl der Einfluss der übertragenen Nutzinformation einfach eliminiert werden als auch direkt auf die zweidimensionale Struktur der OFDM-Signale zugegriffen werden. Für die Prozessierung werden dadurch schließlich nur einfache arithmetische Operationen und diskrete Fourier-Transformationen benötigt. Das gesamte Verfahren kann als *Matched Filter im Modulationssymbol-Raum* aufgefasst werden.

2.3 Distanzmessung auf Basis der Modulationssymbole

Der grundlegende Unterschied bei der Entwicklung des im Folgenden präsentierten Verfahrens gegenüber den bekannten Algorithmen besteht darin, dass hier aus der Perspektive der Kommunikationstechnik anstelle der in der Radar-Technik üblichen Sichtweise vorgegangen wird. Die Grundidee besteht darin, die Veränderung von Amplitude und Phase zwischen den gesendeten und empfangenen Modulationssymbolen $d_{\mathrm{Tx}}(\mu, n)$ und $d_{\mathrm{Rx}}(\mu, n)$ in einem Systemaufbau gemäß Bild 2.2 auszuwerten. Diese Grundidee wurde erstmalig in [SPZW09] vorgeschlagen. Bei der folgenden Betrachtung wird angenommen, dass durch das RadCom-System ein einzelnes durch Gleichung (2.2) beschriebenes OFDM-Symbol ausgesendet und an einem Objekt in der Entfernung R reflektiert wird. Am Empfänger überlagertes Rauschen sowie eine mögliche Doppler-Verschiebung werden in diesem ersten Schritt nicht berücksichtigt. Unter diesen Voraussetzungen kann das an der Position des Senders wieder empfangene Signal $y(t)$ beschrieben werden als

$$y(t) = \sum_{n=0}^{N_c-1} a(n)\, d_{\mathrm{Tx}}(n) \exp\left(j2\pi f_n \left(t - \frac{2R}{c_0}\right)\right),\ 0 \leq t \leq T. \tag{2.5}$$

Dabei fasst $a(n)$ die gesamte Amplitudendämpfung, die der n-te Unterträger während der Ausbreitung der Welle und auf Grund der Reflexion erfährt, sowie den eventuell bei der Reflexion auftretenden Phasensprung zusammen und c_0 bezeichnet die Ausbreitungsgeschwindigkeit elektromagnetischer Wellen im Freiraum (Lichtgeschwindigkeit). Der Faktor 2 in Bezug auf die Distanz R resultiert aus der Tatsache, dass das Signal die Distanz zwischen OFDM-System und reflektierendem Objekt zwei Mal durchläuft. An diesem Punkt kommt nun auch dem Cyclic Prefix eine entscheidende Bedeutung zu. Da dieses bereits im Zeitraum $-T_p \leq t < 0$ ausgesendet wird, kann der Empfänger das OFDM-Symbol bereits zum Zeitpunkt $t = 0$ empfangen, vorausgesetzt dass die Dauer T_p des Cyclic Prefix mindestens so lange wie die Zwei-Wege-Laufzeit zwischen dem OFDM-System und dem reflektierenden Objekt gewählt wird. Das Beobachtungsintervall kann in diesem Fall sowohl am Sender als auch am Empfänger zu $0 \leq t \leq T$ gewählt werden, die Signallaufzeit wird durch das Cyclic Prefix inhärent kompensiert. Der Empfänger sieht folglich nur eine Dämpfung und eine Phasendrehung um den Faktor $-2\pi f_n(2R/c_0)$, welche einerseits von der Distanz R abhängig ist und gleichzeitig linear mit steigendem Unterträger-Index n wächst. Der Empfänger besitzt kein Wissen über die Distanz R und legt zunächst folgendes Modell für das empfangene Signal zu Grunde:

$$y(t) = \sum_{n=0}^{N_c-1} d_{\mathrm{Rx}}(n) \exp\left(j2\pi f_n t\right),\ 0 \leq t \leq T. \tag{2.6}$$

Aus dem Vergleich von Gleichung (2.5) und (2.6) erhält man für den Zusammenhang zwischen den gesendeten und den empfangenen Modulationssymbolen

$$\begin{aligned} d_{\mathrm{Rx}}(n) &= a(n)\, d_{\mathrm{Tx}}(n) \exp\left(-j2\pi f_n \frac{2R}{c_0}\right) \\ &= a(n)\, d_{\mathrm{Tx}}(n) \exp\left(-j2\pi n \Delta f \frac{2R}{c_0}\right). \end{aligned} \tag{2.7}$$

Neben dem Phasenterm $-2\pi f_n(2R/c_0)$, welcher die Information über die Distanz beinhaltet, werden die empfangenen Modulationssymbole d_{Rx} zusätzlich durch die gesendeten Modulationssymbole $d_{\mathrm{Tx}}(n)$ beeinflusst, so dass eine direkte Bestimmung der Distanz R aus den empfangenen Modulationssymbolen $d_{\mathrm{Rx}}(n)$ zunächst nicht möglich ist. Der Einfluss der gesendeten Modulationssymbole kann in der gewählten Beschreibung allerdings sehr einfach eliminiert werden. Hierfür ist lediglich eine elementweise komplexe Division der gesendeten und empfangenen Modulationssymbole erforderlich:

$$d_{\mathrm{div}}(n) = \frac{d_{\mathrm{Rx}}(n)}{d_{\mathrm{Tx}}(n)} = a(n) \exp\left(-j2\pi n\Delta f \frac{2R}{c_0}\right). \tag{2.8}$$

In den resultierenden Modulationssymbolen $d_{\mathrm{div}}(n)$ ist keinerlei Einfluss der gesendeten Modulationssymbole $d_{\mathrm{Tx}}(n)$ mehr vorhanden. Stattdessen wird die Phase ausschließlich durch die Distanz R des reflektierenden Objekts sowie durch bekannte Größen bestimmt. Die Distanz R kann folglich direkt aus $d_{\mathrm{div}}(n)$ ermittelt werden. Eine elegante Vorgehensweise hierfür besteht darin, die inverse (diskrete) Fourier-Transformation $r(k)$ von $d_{\mathrm{div}}(n)$ zu berechnen:

$$\begin{aligned} r(k) &= \mathrm{IDFT}\left[d_{\mathrm{div}}(n)\right] = \frac{1}{N_{\mathrm{c}}} \sum_{n=0}^{N_{\mathrm{c}}-1} d_{\mathrm{div}}(n) \exp\left(j\frac{2\pi}{N_{\mathrm{c}}} nk\right) \\ &= \frac{1}{N_{\mathrm{c}}} \sum_{n=0}^{N_{\mathrm{c}}-1} a(n) \exp\left(-j2\pi n\Delta f \frac{2R}{c_0}\right) \exp\left(j\frac{2\pi}{N_{\mathrm{c}}} nk\right), \\ & k = 0, \ldots, N_{\mathrm{c}} - 1. \end{aligned} \tag{2.9}$$

Die beiden exponentiellen Terme in Gleichung (2.9) heben sich gegenseitig auf und resultieren im Wert 1 unter der Bedingung

$$k = \frac{2R\Delta f N_{\mathrm{c}}}{c_0}. \tag{2.10}$$

Folglich tritt unter dieser Bedingung der Maximalwert der Zeit-Antwort $r(k)$ auf. Aufgrund der diskreten Natur von k kann diese Variable jedoch nur ganzzahlige Werte annehmen. In der Realität zeigt $r(k)$ daher einen Spitzenwert (*Peak*) entweder für

$$k = \lfloor \frac{2R\Delta f N_{\mathrm{c}}}{c_0} \rfloor,\ k = 0, \ldots, N_{\mathrm{c}} - 1 \tag{2.11}$$

oder das benachbarte Element $k + 1$, wobei das jeweils andere Element von Null verschieden ist (Lattenzauneffekt) [KK02]. $\lfloor k \rfloor$ beschreibt dabei den nächsten ganzzahligen Wert kleiner oder gleich k. Mit der beschriebenen Vorgehensweise über die inverse Fourier-Transformation kann die Distanz des reflektierenden Objekts somit einfach bestimmt werden. Da alle Prozessierungsschritte linear sind, kann das Verfahren auch im Fall einer beliebigen Anzahl reflektierender Objekte unverändert eingesetzt werden. Die Zeitantwort $r(k)$ wird in diesem Fall für jedes reflektierende Objekt einen separaten Peak aufweisen, so lange sich nicht zwei Objekte gegenseitig überlappen. Die berechnete Zeitantwort kann folglich als aus der Radar-Messung gewonnenes Distanz-Profil interpretiert werden.

Durch die entwickelte Beschreibung auf Basis der Modulationssymbole kann die im Signal enthaltene Nutzinformation einfach eliminiert werden. Die Leistungsfähigkeit der Radar-Messung nach Gleichung (2.9) ist somit vollständig unabhängig von den gesendeten Nutzdaten. Somit können parallel zur Durchführung der Messung beliebige Nutzdaten ausgesendet werden, wodurch eine wichtige Vorraussetzung erfüllt ist. Da die Prozessierung auf einer Fourier-Transformation beruht, werden lediglich die für Fourier-Transformationen typischen Nebenmaxima auftreten. Diese sind gut kontrollierbar und können durch eine einfach Anwendung von Fenster-Funktionen auf beliebig niedrige Werte reduziert werden, wobei sich allerdings die erzielbare Auflösung verschlechtert [KK02]. Insgesamt betrachtet erlaubt das entwickelte Verfahren somit eine einfache Implementierung und garantiert eine konstante, sehr hohe Leistungsfähigkeit sowie einen sehr hohen Dynamikbereich.

Im Vergleich zu einem klassischen korrelations-basierten Verfahren, mit dem prinzipiell beliebig große Distanzen gemessen werden können, wird im Fall des modulationssymbol-basierten Verfahrens das Signal im Frequenzbereich inhärent diskretisiert, wodurch sich eine Periodizität im Zeitbereich ergibt. Dadurch kann das Verfahren, zumindest in der beschriebenen einfachen Form, nur für begrenzte Distanzen angewendet werden. Die Auflösung der Diskretisierung im Frequenzbereich entspricht dem Abstand der Unterträger Δf. Folglich ist die größte eindeutig messbare Distanz R_u durch die Inverse des Unterträgerabstandes Δf bzw. durch die Symboldauer T begrenzt. Durch Einsetzen von $k = N_\mathrm{c}$ in Gleichung (2.11) resultiert

$$R_\mathrm{u} = \frac{c_0}{2\Delta f} = \frac{c_0 T}{2}. \tag{2.12}$$

Es sollte jedoch an dieser Stelle ausdrücklich betont werden, dass Objekte, die sich in größerer Entfernung als R_u befinden, bei der Radar-Messung nicht periodisch fortgesetzt in den Bereich $0 \leq R < R_\mathrm{u}$ abgebildet werden. Diese Schlussfolgerung ergibt sich anschaulich aus der Tatsache, dass für $R > R_\mathrm{u}$ die miteinander verglichenen Modulationssymbole nicht mehr dem selben Zeitindex μ entsprechen und als Ausgangsprodukt der komplexen Division in Gleichung (2.8) somit nur Rauschen entsteht. Ein reflektierendes Objekt in der Distanz $R > R_\mathrm{u}$ wird folglich nur als Rauschen in $r(k)$ wahrgenommen werden. Damit in einer praktischen Anwendung alle relevanten Objekte erfasst werden können, muss der Unterträgerabstand Δf geeignet gewählt werden.

Die Distanz-Auflösung ΔR ergibt sich direkt aus dem Verhältnis der größten eindeutig messbaren Distanz R_u und der Anzahl der Abtastpunkte N_c:

$$\Delta R = \frac{c_0}{2\Delta f N_\mathrm{c}} = \frac{c_0 T}{2N_\mathrm{c}} = \frac{c_0}{2B}. \tag{2.13}$$

Die erzielbare Auflösung entspricht somit exakt dem in [Mah09] beschriebenen physikalischen Limit, das mit einem Radar-System im optimalen Fall erreicht werden kann.

2.4 Geschwindigkeitsmessung auf Basis der Modulationssymbole

Ein entscheidender Vorteil von Radar-Sensoren gegenüber anderen Technologien, wie z.B. auf optischen Kameras basierenden Verfahren, besteht darin, dass ein Radar-System mit Hilfe einer geeigneten Signalform durch Auswertung des Doppler-Effekts zusätzlich zur Distanz auch die relative Geschwindigkeit aller reflektierenden Objekte instantan bestimmen kann. Wie in Abschnitt 2.2 bereits festgestellt wurde, ist die Messung der relativen Geschwindigkeit auch mit OFDM-Signalen möglich. Hier stellt sich nun insbesondere die Frage, ob eine Messung der relativen Geschwindigkeit auch auf Basis der Modulationssymbole mit einer Vorgehensweise analog zu Abschnitt 2.3 durchgeführt werden kann. Ein entsprechender Ansatz konnte tatsächlich gefunden werden und wurde erstmals in [SBZW10a] publiziert.

Wird ein von einem Radar-System ausgesendetes Signal nach der Reflexion an einem Objekt, das sich gegenüber dem Radar-System mit einer relativen Geschwindigkeit bewegt, von dem Radar-System wieder empfangen, so ist dieses wieder empfangene Signal gegenüber dem Sendesignal in der Frequenz verschoben. Die Frequenzverschiebung beträgt

$$f_{\mathrm{D}} = \frac{2v_{\mathrm{rel}}}{\lambda} = \frac{2v_{\mathrm{rel}} f_{\mathrm{c}}}{c_0}. \tag{2.14}$$

Dabei bezeichnet v_{rel} die relative Geschwindigkeit zwischen Radar-System und reflektierendem Objekt und λ die Wellenlänge der Trägerfrequenz bzw. f_{c} die Mittenfrequenz des Sendesignals. Auch hier tritt analog zu Gleichung 2.5 der Faktor 2 aufgrund der Tatsache auf, dass das Signal die Wegstrecke zwischen Radar-System und reflektierendem Objekt zwei Mal durchläuft und sich die Gesamtdistanz somit mit $2v_{\mathrm{rel}}$ verkürzt bzw. verlängert. Der Schlüssel zur Auswertung der relativen Geschwindigkeit auf Basis der Modulationssymbole liegt nun darin, nicht wie in Abschnitt 2.3 die einzelnen Modulationssymbole entlang der Frequenzachse sondern stattdessen die Modulationssymbole auf einem beliebigen Unterträger entlang der Zeitachse zu betrachten. Setzt man voraus, dass für die Gesamtbandbreite des Sendesignals $B \ll f_{\mathrm{c}}$ gilt, d.h. die Bandbreite des Sendesignals ist sehr viel kleiner als die Trägerfrequenz, dann erfährt jeder Unterträger die selbe Doppler-Verschiebung. Das vom Radar-System wieder empfangene OFDM-Signal im Anschluss an eine Reflexion von einem Objekt in der Distanz R mit relativer Geschwindigkeit v_{rel} kann somit unter Berücksichtigung von Gleichung 2.1 beschrieben werden als

$$\begin{aligned} y(t) = & \sum_{\mu=0}^{N_{\mathrm{sym}}-1} \sum_{n=0}^{N_{\mathrm{c}}-1} a(\mu, n)\, d_{\mathrm{Tx}}\left(\mu N_{\mathrm{c}} + n\right) \exp\left(j 2\pi f_n \left(t - \frac{2R}{c_0}\right)\right) \\ & \cdot \exp\left(j 2\pi f_{\mathrm{D}} t\right) \operatorname{rect}\left(\frac{t - \mu T}{T}\right). \end{aligned} \tag{2.15}$$

Bei einer Betrachtung im Frequenzbereich entspricht die Modulation mit dem Term $\exp\left(j2\pi f_{\mathrm{D}} t\right)$ einer Verschiebung des Signalspektrums aus Gleichung (2.4) um f_{D}. Dies bedeutet, dass auch die einzelnen Unterträgerfrequenzen des reflektierten Signals um f_{D} gegenüber ihrem Pendant im Sendesignal verschoben sind. Problematisch ist dies vor allem auf Grund der Tatsache, dass bei einer Abtastung der Unterträger des reflektierten Signals an den Stützstellen f_n nun die Nebenmaxima der benachbarten Unterträger keine Nullstelle mehr aufweisen und mit dem jeweils betrachteten Träger interferieren.

Die Orthogonalität zwischen den Unterträgern ist folglich nicht mehr gegeben. Dieser Effekt tritt bei allen OFDM-Übertragungssystemen auf, sobald sie in mobilen Umgebungen zum Einsatz kommen. Durch eine ausreichend große Wahl des Unterträgerabstandes Δf kann diese Interferenz jedoch so gering gehalten werden, dass sie in der Praxis zumindest in Bezug auf die OFDM-Kommunikation vernachlässigt werden kann [Eng02]. Bei den folgenden theoretischen Betrachtungen in diesem Kapitel wird davon ausgegangen, dass diese Annahme ebenfalls auf eine OFDM-Radar-Anwendung zutrifft. Die im Fall einer Doppler-Verschiebung vorhandene Interferenz durch die Nachbarunterträger wird daher zunächst nicht berücksichtigt. Deren Einfluss wird später in Kapitel 3.3.4 mit Hilfe numerischer Simulationen bestimmt.
Auch hier kann nach wie vor davon ausgegangen werden, dass durch die Aussendung des Cyclic Prefix der Beobachtungszeitraum am Sender nicht verändert werden muss. Wird nun ein beliebiger fester Unterträger n betrachtet, dann trägt der Distanz-Term in Gleichung (2.15) lediglich einen konstanten Phasenterm bei. Der Doppler-Term $\exp(j2\pi f_\mathrm{D} t)$ bewirkt gleichzeitig eine kontinuierliche Phasendrehung über der Zeit. Von einem Modulationssymbol zum nächsten beträgt die Phasendrehung $2\pi f_\mathrm{D} T_\mathrm{OFDM}$. An dieser Stelle darf nun die Dauer des Cyclic Prefix nicht vernachlässigt werden, da die Phase selbstverständlich während des Ausschneidens des Cyclic Prefix weiter rotiert. Folglich muss hier nun tatschlich die gesamte OFDM-Symboldauer inklusive Cyclic Prefix T_OFDM berücksichtigt werden. Gleichung (2.15) kann somit unter Einbeziehung von Gleichung (2.14) neu geschrieben werden als

$$y(t) = \sum_{\mu=0}^{N_\mathrm{sym}-1} \sum_{n=0}^{N_\mathrm{c}-1} a(\mu,n)\, d_\mathrm{Tx}\left(\mu N_\mathrm{c}+n\right) \exp\left(j2\pi f_n \left(t-\frac{2R}{c_0}\right)\right) \cdot \exp\left(j2\pi\mu T_\mathrm{OFDM} \frac{2v_\mathrm{rel} f_\mathrm{c}}{c_0}\right) \mathrm{rect}\left(\frac{t-\mu T}{T}\right). \tag{2.16}$$

Legt man analog zu Gleichung 2.6 folgendes Modell für das empfangene Signal zu Grunde

$$y(t) = \sum_{\mu=0}^{N_\mathrm{sym}-1} \sum_{n=0}^{N_\mathrm{c}-1} d_\mathrm{Rx}\left(\mu N_\mathrm{c}+n\right) \exp\left(j2\pi f_n t\right) \mathrm{rect}\left(\frac{t-\mu T}{T}\right), \tag{2.17}$$

so erhält man aus dem Vergleich von Gleichung (2.16) und (2.17) für die empfangenen Modulationssymbole $d_{\mathrm{Rx}}(\mu, n)$ analog zu Gleichung (2.7)

$$\begin{aligned} d_{\mathrm{Rx}}(\mu N_{\mathrm{c}} + n) &= a(\mu, n)\, d_{\mathrm{Tx}}(\mu N_{\mathrm{c}} + n) \exp\left(-j2\pi n \Delta f \frac{2R}{c_0}\right) \\ &\cdot \exp\left(j2\pi\mu T_{\mathrm{OFDM}} \frac{2v_{\mathrm{rel}} f_{\mathrm{c}}}{c_0}\right). \end{aligned} \quad (2.18)$$

Betrachtet man nun einen festen Unterträger n und bezeichnet man den aus diesem resultierenden Distanz-Phasenterm kurz mit $\varphi_R = 2\pi n \Delta f 2R/c_0$, dann besitzen die resultierenden empfangenen Modulationssymbole schließlich nur noch eine Abhängigkeit von den gesendeten Modulationssymbolen, dem OFDM-Symbolindex μ, der relativen Geschwindigkeit v_{rel} sowie diversen Systemparametern:

$$d_{\mathrm{Rx}}(\mu) = a(\mu)\, d_{\mathrm{Tx}}(\mu) \exp(j\varphi_R) \exp\left(j2\pi\mu T_{\mathrm{OFDM}} \frac{2v_{\mathrm{rel}} f_{\mathrm{c}}}{c_0}\right). \quad (2.19)$$

Unklar ist an dieser Stelle zunächst noch der Einfluss des Faktors $\exp(j\varphi_R)$. Da dieser von der Distanz R abhängig ist, besteht eine implizite Abhängigkeit dieses Faktors von der Geschwindigkeit v_{rel}, da diese automatisch eine Änderung der Distanz nach sich zieht. Der Distanz-Phasenterm ist somit streng genommen eine Zeitfunktion und müsste als $\varphi_R(t)$ geschrieben werden. Tatsächlich muss jedoch beachtet werden, dass die Phase φ_R nicht der Trägerphase entspricht und die zeitliche Änderung eventuell vernachlässigbar ist. Diese Tatsache trifft zumindest mit Sicherheit zu, wenn man den Unterträger $n = 0$ betrachtet. In diesem Fall tritt überhaupt keine Phasenänderung auf Grund der Distanz auf und es gilt $\varphi_R = 0$ bzw. $\exp(j\varphi_R) = 1$. Die Zeitabhängigkeit des Phasenterms φ_R wird daher in den folgenden Gleichungen vernachlässigt. Einer Bestimmung der relativen Geschwindigkeit aus den empfangenen Modulationssymbolen steht somit nur noch der Einfluss der gesendeten Modulationssymbole im Weg. Dieser kann analog zum Vorgehen in Abschnitt 2.3 durch eine einfache elementweise komplexe Division der empfangenen und gesendeten Modulationssymbole eliminiert werden:

$$d_{\mathrm{div}}(\mu) = \frac{d_{\mathrm{Rx}}(\mu)}{d_{\mathrm{Tx}}(\mu)} = a(\mu) \exp(j\varphi_R) \exp\left(j2\pi\mu T_{\mathrm{OFDM}} \frac{2v_{\mathrm{rel}} f_{\mathrm{c}}}{c_0}\right). \quad (2.20)$$

Das Ergebnis der Division $d_{\mathrm{div}}(\mu)$ besitzt keine Abhängigkeit von der gesendeten Information $d_{\mathrm{Tx}}(\mu)$ mehr. Stattdessen steigt bzw. fällt die Phase von $d_{\mathrm{div}}(\mu)$ linear mit dem OFDM-Symbolindex μ, die Steigung ist dabei abhängig von der relativen Geschwindigkeit v_{rel}. Ähnlich wie die Distanz in Gleichung (2.9) kann auch die relative Geschwindigkeit mit Hilfe einer Fourier-Transformation bestimmt werden. Allerdings kommt hier nun auf Grund des entgegengesetzten Vorzeichens der Phasenänderung eine (reguläre) diskrete Fourier-Transformation anstatt einer inversen Transformation zum Einsatz. Das Doppler-Spektrum $v(l)$ wird berechnet über:

$$\begin{aligned} v(l) = \mathrm{DFT}\left[d_{\mathrm{div}}(\mu)\right] &= \sum_{\mu=0}^{N_{\mathrm{sym}}-1} d_{\mathrm{div}}(\mu) \exp\left(-j\frac{2\pi}{N_{\mathrm{sym}}}\mu l\right) \\ &= \exp(j\varphi_R) \sum_{\mu=0}^{N_{\mathrm{sym}}-1} a(\mu) \exp\left(j2\pi\mu T_{\mathrm{OFDM}}\frac{2v_{\mathrm{rel}}f_{\mathrm{c}}}{c_0}\right) \\ &\quad \cdot \exp\left(-j\frac{2\pi}{N_{\mathrm{sym}}}\mu l\right), \ l = 0, \ldots, N_{\mathrm{sym}}-1. \end{aligned} \tag{2.21}$$

Dabei stellt l den diskreten Frequenzindex dar. Die exponentiellen Terme in Gleichung (2.21) heben sich auf und führen zu einem Maximalwert unter der Bedingung

$$l = \frac{2v_{\mathrm{rel}}f_{\mathrm{c}}T_{\mathrm{OFDM}}N_{\mathrm{sym}}}{c_0} \tag{2.22}$$

Somit ergibt sich in der Praxis das Maximum entweder für den Index

$$l = \lfloor\frac{2v_{\mathrm{rel}}f_{\mathrm{c}}T_{\mathrm{OFDM}}N_{\mathrm{sym}}}{c_0}\rfloor, \ l = 0, \ldots, N_{\mathrm{sym}}-1 \tag{2.23}$$

oder den nächst höheren Index $l+1$. Da alle Prozessierungsschritte linear sind, kann auch die Bestimmung der relativen Geschwindigkeit auf Basis der Modulationssymbole für eine beliebige Anzahl reflektierender Objekte mit unterschiedlicher relativer Geschwindigkeit angewendet werden. Das Ergebnis der Fourier-Transformation $v(l)$ wird dann bei den entsprechenden Geschwindigkeiten einen Peak aufweisen und kann somit als Doppler-Spektrum interpretiert werden. Analog zur Messung der Distanz in Abschnitt 2.3 wird auch hier bei der Prozessierung die übertragene Nutzinformation vollständig entfernt, so dass diese keinen Einfluss auf die Qualität der Radar-Messung hat und die Messung folglich mit beliebigen Nutzdaten durchgeführt werden kann. Das Verfahren bietet darüber hinaus den Vorteil, dass der auftretende Doppler-Effekt inhärent kompensiert wird und die Integrationszeit folglich nicht durch den Doppler-Effekt begrenzt wird. Auch hier treten ausschließlich durch die Fourier-Transformation verursachte Nebenmaxima auf, die bei Bedarf durch eine Fensterung auf ein beliebig niedriges Niveau reduziert werden können.

Auch die Bestimmung der Geschwindigkeit auf Basis der Modulationssymbole beinhaltet eine Diskretisierung der Signale, wodurch die maximal messbare relative Geschwindigkeit limitiert wird. Die Diskretisierung findet hier entlang der Zeitachse bezogen auf den OFDM-Symbolindex μ statt. Die zeitliche Auflösung dieser Diskretisierung entspricht der gesamten ausgesendeten OFDM-Symboldauer inklusive Cyclic Prefix T_{OFDM}. Die Inverse von T_{OFDM} entspricht somit dem Eindeutigkeitsbereich der messbaren Doppler-Verschiebung im Frequenzbereich. Bei der Berechnung der maximal messbaren Geschwindigkeit muss beachtet werden, dass im Gegensatz zur Messung der Entfernung sowohl positive als auch negative relative Geschwindigkeiten auftreten können. Nimmt man an, dass positive und negative relative Geschwindigkeiten in der selben Höhe auftreten, dann ist die größte eindeutig messbare relative Geschwindigkeit $v_{\mathrm{rel,u}}$ bereits für $l = N_{\mathrm{sym}}/2$ erreicht. Durch Einsetzen von $l = N_{\mathrm{sym}}/2$ in Gleichung (2.23) erhält man:

$$v_{\mathrm{rel,u}} = \pm \frac{c_0}{4 f_{\mathrm{c}} T_{\mathrm{OFDM}}}. \tag{2.24}$$

Auch bei der Messung des Dopplers würden Objekte, die sich mit einer Relativgeschwindigkeit $|v_{\mathrm{rel}}| > v_{\mathrm{rel,max}}$ bewegen, nicht periodisch fortgesetzt in die Messung abgebildet, da in diesem Fall die Unterträger so weit im Frequenzbereich zueinander verschoben wären, dass die empfangenen Modulationssymbole von einem anderen Unterträger stammen würden und somit bei der komplexen Division nur Rauschen erzeugt würde. Falls auf Grund einer Bewegung des RadCom-Systems in einer praktischen Anwendung bevorzugt positive oder negative relative Geschwindigkeiten auftreten, kann der Mittelpunkt des Eindeutigkeitsbereichs von $v_{\mathrm{rel}} = 0$ zu einer beliebigen positiven oder negativen Geschwindigkeit hin verschoben werden. Die gesamte Breite des Eindeutigkeitsbereich bleibt dabei jedoch stets auf $2v_{\mathrm{rel,u}}$ begrenzt. Die Auflösung Δv_{rel}, die bei der Messung der relativen Geschwindigkeit mit dem entwickelten Verfahren erzielt wird, ergibt sich aus dem Verhältnis des gesamten Eindeutigkeitsbereichs $2v_{\mathrm{rel,u}}$ und der Anzahl der beobachteten Symbole N_{sym} zu

$$\Delta v_{\mathrm{rel}} = \frac{c_0}{2 f_{\mathrm{c}} T_{\mathrm{OFDM}} N_{\mathrm{sym}}} = \frac{c_0}{2 f_{\mathrm{c}} T_{\mathrm{obs}}}, \tag{2.25}$$

wobei T_{obs} die gesamte Beobachtungsdauer bezeichnet. Somit wird auch im Fall der Messung der relativen Geschwindigkeit mit dem entwickelten Verfahren auf Basis der Modulationssymbole das physikalische Limit der Auflösung erreicht, das in [Mah09] hergeleitet wird.

2.5 Gemeinsame Bestimmung von Distanz und relativer Geschwindigkeit

2.5.1 Beschreibung des Verfahrens

In den vorangehenden Abschnitten wurden Verfahren hergeleitet, die es erlauben, durch eine Auswertung der empfangenen Modulationssymbole ein Distanz-Profil sowie ein Doppler-Spektrum zu ermitteln. Im Fall der Präsenz mehrerer Objekte ist eine getrennte Anwendung dieser beiden Algorithmen jedoch nicht ausreichend, um Distanz und relative Geschwindigkeit jedes Objekts eindeutig bestimmen zu können. Stattdessen ergeben sich Mehrdeutigkeiten, da nicht erkennbar ist, welche Distanz und welche relative Geschwindigkeit jeweils ein spezifisches Objekt repräsentieren. Um dieses Problem zu lösen, müssen die beiden Verfahren zur Messung der Distanz und der relativen Geschwindigkeit zu einem gemeinsamen zweidimensionalen Verfahren verschmolzen werden, das als Ergebnis ein zweidimensionales Radar-Bild in Distanz und relativer Geschwindigkeit liefert. Für die im folgenden beschriebene Kombination der modulationssymbol-basierten Algorithmen wurden die Patentanträge [SZW09b] und [SWZ10] eingereicht. Der Schlüssel zur Lösung des Problems liegt in einer gezielten Ausnutzung der zweidimensionalen Struktur des OFDM-Signals. Um eine anschauliche Beschreibung zu erhalten, werden die Modulationssymbole anstatt in der bisherigen Vektordarstellung nun in Form einer Matrix betrachtet. Da diese Matrix-Struktur sowohl für die gesendeten als auch für die empfangenen Modulationssymbole zum Einsatz kommt, wird in der folgenden Definition der Matrix zunächst auf die Indezes Tx bzw. Rx verzichtet. Die Modulationssymbole werden wie folgt in einer Matrix $\mathbf{D}$ angeordnet.

$$\mathbf{D} = \begin{pmatrix} d(0) & d(N_c) & \ldots & d((N_{sym}-1)N_c) \\ d(1) & d(N_c+1) & \ldots & d((N_{sym}-1)N_c+1) \\ \vdots & \vdots & \ddots & \vdots \\ d(N_c-1) & d(2N_c-1) & \ldots & d(N_{sym}N_c-1) \end{pmatrix} \tag{2.26}$$

Die einzelnen Spalten in dieser Matrix-Schreibweise beinhalten jeweils die zu einem einzelnen OFDM-Symbol gehörigen Modulationssymbole. Die Zeilen stellen die auf einem einzelnen Unterträger fortlaufend gesendeten bzw. empfangenen Modulationssymbole dar. Weiterhin werden nun zwei Vektoren eingeführt. Der erste Vektor $\vec{k}_R$ beschreibt die Phasendrehung auf Grund der Distanz

$$\begin{aligned} \vec{k}_R = \Bigg(\; 0 \quad & \exp\left(-j2\pi\Delta f\frac{2R}{c_0}\right) \quad \ldots \\ & \ldots \quad \exp\left(-j2\pi\left(N_c-1\right)\Delta f\frac{2R}{c_0}\right) \; \Bigg)^{\mathrm{T}} \end{aligned} \tag{2.27}$$

und der zweite Vektor $\vec{k}_D$ die durch die Doppler-Verschiebung verursachte Phasendrehung

$$\begin{aligned} \vec{k}_D = \Bigg(\; 0 \quad & \exp\left(j2\pi T_{\mathrm{OFDM}}\frac{2v_{\mathrm{rel}}f_c}{c_0}\right) \quad \ldots \\ & \ldots \quad \exp\left(j2\pi\left(N_{sym}-1\right)T_{\mathrm{OFDM}}\frac{2v_{\mathrm{rel}}f_c}{c_0}\right) \; \Bigg). \end{aligned} \tag{2.28}$$

Unter Berücksichtigung der Matrix-Darstellung aus Gleichung (2.26) und der Vektoren aus Gleichung (2.27) und (2.28), kann die in Kapitel 2.4 abgeleitete Gleichung (2.18) neu geschrieben werden als

$$\left(\mathbf{D}_{\mathrm{Rx}}\right)_{\mu,n} = a(\mu,n)\left(\mathbf{D}_{\mathrm{Tx}}\right)_{\mu,n} \cdot \left(\vec{k}_R \otimes \vec{k}_D\right)_{\mu,n}, \tag{2.29}$$

wobei $\vec{k}_R \otimes \vec{k}_D$ das dyadische Produkt der beiden Vektoren $\vec{k}_R$ und $\vec{k}_D$ bezeichnet ($\vec{k}_R \otimes \vec{k}_D = \vec{k}_R \cdot \vec{k}_D^T$). Die Schreibweise $()_{\mu,n} \cdot ()_{\mu,n}$ gibt an, dass es sich in diesem Fall um eine elementweise Multiplikation der involvierten Matrizen handelt. Aus dieser Darstellung wird nun mathematisch klar ersichtlich, dass der Einfluss von Distanz und Doppler auf die Modulationssymbole in der Tat vollständig orthogonal sein kann. Da allerdings wiederum eine implizite Abhängigkeit zwischen der Distanz R und der relativen Geschwindigkeit v_{rel} besteht, gilt dies nur unter der Voraussetzung, dass sich die Distanz während der Beobachtungsdauer $N_{\mathrm{sym}}T_{\mathrm{OFDM}}$ nicht wesentlich ändert, d.h. dass sich das Objekt während der Messung nicht vollständig aus einer festen Entfernungszelle k heraus bewegt. Folglich muss es möglich sein, unter der Wahl einer geeigneten Beobachtungsdauer Distanz und relative Geschwindigkeit eindeutig und unabhängig voneinander zu bestimmen. Einer direkten Auswertung dieser Größen aus der Matrix der empfangenen Modulationssymbole $\mathbf{D}_{\mathrm{Rx}}$ steht jedoch auch hier wieder der Einfluss der gesendeten Modulationssymbole $\mathbf{D}_{\mathrm{Tx}}$ entgegen. Dieser kann selbstverständlich auch hier analog zu den zuvor betrachteten eindimensionalen Verfahren durch eine elementweise komplexe Division der Matrizen $\mathbf{D}_{\mathrm{Rx}}$ und $\mathbf{D}_{\mathrm{Tx}}$ eliminiert werden:

$$\left(\mathbf{D}_{\mathrm{div}}\right)_{\mu,n} = \frac{\left(\mathbf{D}_{\mathrm{Rx}}\right)_{\mu,n}}{\left(\mathbf{D}_{\mathrm{Tx}}\right)_{\mu,n}} = a(\mu,n)\left(\vec{k}_R \otimes \vec{k}_D\right) \tag{2.30}$$

Übrig bleibt somit nur das dyadische Produkt aus den Vektoren $\vec{k}_R$ und $\vec{k}_D$ sowie der Dämpfungsfaktor $a(\mu,n)$. Dies bedeutet, die Spalten der Matrix $\left(\mathbf{D}_{\mathrm{div}}\right)_{\mu,n}$ sind linear gewichtete Kopien des Vektors $\vec{k}_R$, die Zeilen sind linear gewichtete Kopien der Vektors $\vec{k}_D$. Diese Matrix muss nun in geeigneter Weise behandelt werden, so dass letztendlich nur ein Peak übrig bleibt, der die Distanz und die relative Geschwindigkeit des Objekts eindeutig angibt. Um hierfür eine geeignete Vorgehensweise zu finden, werden die Gleichungen (2.27) und (2.28) zunächst aus der Vektordarstellung zurück in eine komponentenweise Darstellung überführt:

$$k_R\left(n\right) = \exp\left(-j2\pi n\Delta f\frac{2R}{c_0}\right),\ n = 0,\ldots,N_{\mathrm{c}}-1 \tag{2.31}$$

$$k_D\left(\mu\right) = \exp\left(j2\pi\mu T_{\mathrm{OFDM}}\frac{2v_{\mathrm{rel}}f_{\mathrm{c}}}{c_0}\right),\ \mu = 0,\ldots,N_{\mathrm{sym}}-1 \tag{2.32}$$

Offensichtlich entspricht Gleichung (2.31) genau dem Phasenterm in Gleichung (2.8). Analog entspricht Gleichung (2.32) dem Phasenterm in Gleichung (2.20). Folglich kann zur Bestimmung von Distanz und relativer Geschwindigkeit aus der Matrix $\mathbf{D}_{\mathrm{div}}$ hier exakt dieselbe Strategie über eine IFFT bzw. eine FFT wie in Abschnitt 2.3 und Abschnitt 2.4 zum Einsatz kommen. Hier müssen die IFFT- und FFT-Operationen nun aber auf jede Spalte und Zeile von $\mathbf{D}_{\text{div}}$ individuell angewendet werden. Diese Operation kann folgendermaßen beschrieben werden:

$$\mathbf{I}(k,l) = \underbrace{\text{IFFT}(l)\left[\underbrace{\text{FFT}(k)\left[\mathbf{D}_{\text{div}}(\mu,n)\right]}_{\text{FFT über jede Zeile von } \mathbf{D}_{\text{div}}}\right]}_{\text{IFFT über jede Spalte des Ergebnisses der FFT}} . \tag{2.33}$$

Mit dieser Vorgehensweise werden die komplexen Schwingungen im dyadischen Produkt der Vektoren $\vec{k}_R$ und $\vec{k}_D$ in einen einzigen Peak in der resultierenden Matrix $\mathbf{I}(k,l)$ transformiert. Insgesamt kommen dabei $N_{\text{c}} + N_{\text{sym}}$ Fourier-Transformationen zum Einsatz. Die resultierende Matrix $\mathbf{I}(k,l)$ kann direkt als ein zweidimensionales Radar-Bild in Distanz und relativer Geschwindigkeit interpretiert werden.

Wie bei der ausschließlichen Messung der relativen Geschwindigkeit in Abschnitt 2.4 wird auch hier der Doppler-Effekt inhärent kompensiert, so dass dieser die Integrationsdauer nicht limitiert. Aufgrund der inhärenten Abhängigkeit von Distanz und relativer Geschwindigkeit wird die Integrationsdauer lediglich durch die Bedingung begrenzt, dass das Objekt sich während der Messung um maximal die mit einer Entfernungszelle korrespondierende Distanz ΔR bewegen darf. Weiterhin gilt auch hier, dass im Fall der Präsenz mehrerer Objekte das Verfahren uneingeschränkt angewendet werden kann, da alle Operationen linear sind. Im Fall mehrerer Objekte mit verschiedener Distanz und/oder relativer Geschwindigkeit tritt jeweils an den zugehörigen Indizes k, l in der Matrix $\mathbf{I}(k,l)$ ein Peak auf. Somit wurde eine Lösung zur eindeutigen Bestimmung von Distanz und relativer Geschwindigkeit für eine unbegrenzte Anzahl reflektierender Objekte gefunden. Da exakt dieselben Prozessierungsschritte wie in den Abschnitten 2.3 und 2.4 zum Einsatz kommen, gelten hier analog dieselben Grenzen bezüglich der maximal messbaren Distanz und relativen Geschwindigkeit sowie dieselben Resultate bezüglich der erzielbaren Auflösung.

Im Folgenden wird die praktische Implementierung des Verfahrens zur gemeinsamen Bestimmung von Distanz und relativer Geschwindigkeit noch einmal Schritt für Schritt betrachtet. Der gesamte Ablauf ist grafisch veranschaulicht in Bild 2.3 dargestellt. Die Prozessierung erfordert insgesamt drei, bzw. bei der optionalen Anwendung einer Fensterung vier Schritte:

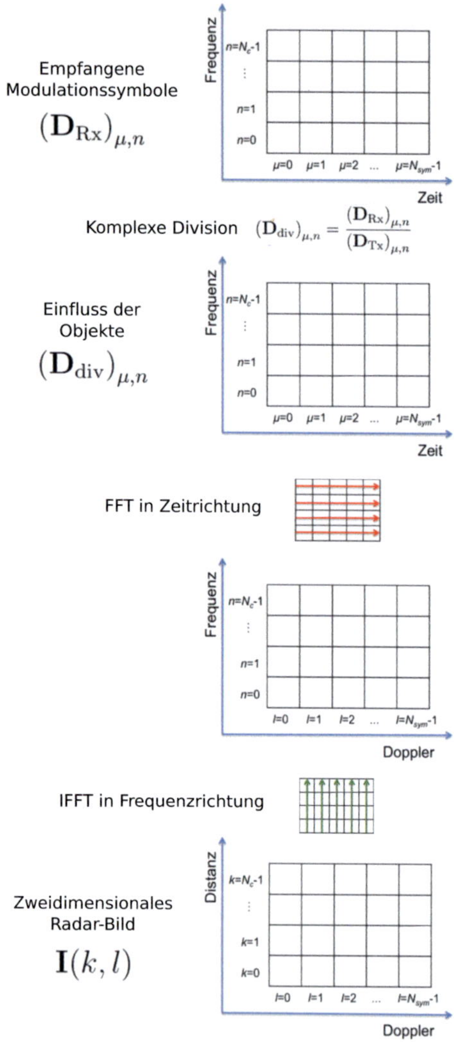

Bild 2.3: Schematischer Ablauf des Verfahrens zur gemeinsamen Bestimmung von Distanz und relativer Geschwindigkeit auf Basis der Modulationssymbole

1. Komplexe Division:
   Im ersten Schritt werden die einzelnen Elemente der empfangenen Symbol-Matrix $(\mathbf{D}_{\mathrm{Rx}})_{\mu,n}$ durch die korrespondierenden Elemente der gesendeten Symbol-Matrix $(\mathbf{D}_{\mathrm{Rx}})_{\mu,n}$ dividiert. In der resultierenden Matrix $(\mathbf{D}_{\mathrm{div}})_{\mu,n}$ ist der Einfluss der mit dem Sendesignal übertragenen Nutzdaten vollständig entfernt. Ausschließlich der Einfluss reflektierender Objekte ist noch vorhanden.

2. Fensterung (optional):
   Optional können im nächsten Schritt Fenster-Funktionen angewendet werden, um die im Zusammenhang mit den Fourier-Transformationen auftretenden Nebenmaxima zu reduzieren. Eine Fensterung kann entweder separat für die Distanz- oder die Doppler-Prozessierung oder für beide Prozessierungen gemeinsam angewendet werden. Die Fensterfunktion muss jeweils mit allen Spalten bzw. Zeilen der Symbol-Matrix $(\mathbf{D}_{\mathrm{div}})_{\mu,n}$ multipliziert werden.

3. Fourier-Transformation in Zeitrichtung:
   Über jede Zeile der Matrix $(\mathbf{D}_{\mathrm{div}})_{\mu,n}$ wird eine diskrete Fourier-Transformation berechnet. Dadurch wird die Matrix $(\mathbf{D}_{\mathrm{div}})_{\mu,n}$, deren Spalten der Frequenz und deren Zeilen der Beobachtungszeit entsprechen, in eine Matrix überführt, deren Zeilen nun Doppler-Spektren bzw. die relative Geschwindigkeit darstellen. Die Spalten repräsentieren weiterhin die Frequenz.

4. Inverse Fourier-Transformation in Frequenzrichtung:
   Im letzten Schritt wird jede Spalte der aus dem vorigen Schritt resultierenden Matrix einer inversen diskreten Fourier-Transformation unterworfen. So wird aus der Matrix, deren Zeilen der relativen Geschwindigkeit entsprechen und deren Spalten die Frequenzinformation beinhalten, schließlich das zweidimensionale Radar-Bild in Form der Matrix $\mathbf{I}(k, l)$ generiert, deren Zeilen die relative Geschwindigkeit repräsentieren und deren Spalten die Distanz darstellen.

2.5.2 Einfluss von Rauschen und Prozessierungsgewinn

Bislang noch nicht betrachtet wurde der Prozessierungsgewinn, der bei der Modulationssymbol-basierten Prozessierung erzielt wird. Dieser ist ein entscheidendes Kriterium für praktische Anwendungen, da er die Leistungsfähigkeit der Prozessierung unter dem Einfluss von Rauschen beschreibt. Wichtig ist grundsätzlich auch die Frage, welchen generellen Einfluss Rauschen auf das berechnete Radar-Bild ausübt.

Die bei der Berechnung der Fourier-Transformationen entstehenden Maximalwerte stellen kein direktes Maß für den auftretenden Prozessierungsgewinn dar, da die Normierung einer Fourier-Transformation mehr oder weniger beliebig gewählt werden kann. Um auf anschaulichem Weg eine Lösung für den Prozessierungsgewinn zu erhalten, muss genauer nachvollzogen werden, was mit den Eingangswerten der Fourier-Transformation geschieht. Die durch ein reflektierendes Objekt vorgegebene Phase ist deterministisch und steigt mit wachsendem Subträgerindex n bzw. OFDM-Symbolindex μ um jeweils einen konstanten Wert an. Wenn der Phasenterm in der Fourier-Transformation bei einem bestimmten Index k bzw. l den entsprechenden Phasenanstieg aufweist, kommt es zu einer konstruktiven Addition aller Amplitudenwerte. Im Fall gleicher Eingangsamplitudenwerte beträgt die Ausgangsamplitude der Fourier-Transformation den N_c- bzw. N_sym-fachen Wert der Eingangsamplitude. Rauschen dagegen stellt einen stochastischen Prozess dar. Die Phasen der einzelnen Rauschwerte sind zufällig und gleichverteilt. Eine konstruktive Addition der in die Fourier-Transformation eingehenden Rauschwerte kann somit nicht stattfinden. Dies bedeutet, dass für die einzelnen Fourier-Transformationen ein Prozessierungsgewinn bezüglich des Signal-zu-Rausch-Verhältnisses (*Signal to Noise Ratio, SNR*) von N_c bzw. N_sym erzielt wird. Bei der Anwendung des beschriebenen zweidimensionalen Verfahrens entspricht der Prozessierungsgewinn G_p sogar dem Produkt der einzelnen Gewinne:

$$G_\mathrm{p} = N_\mathrm{c}\, N_\mathrm{sym} \tag{2.34}$$

Das Produkt $N_\mathrm{c} N_\mathrm{sym}$ entspricht gleichzeitig der Zahl der zur Verfügung stehenden Abtastwerte (*Samples*). Somit wird mit Hilfe des zweidimensionalen modulationssymbol-basierten Prozessierungsverfahrens der physikalisch höchstmögliche Prozessierungsgewinn erzielt. Wichtig ist darüber hinaus die Tatsache, dass überlagertes Rauschen am Ausgang der Fourier-Transformation wieder als Rauschen erscheint, so dass mit dem modulationssymbolbasierten Prozessierungsverfahren keine Scheinobjekte im Radar-Bild entstehen können.

2.5.3 Maximal erzielbare Reichweite

Die bei einer Radar-Messung maximal erzielbare Reichweite wird durch die bei der Wellenausbreitung auftretende Dämpfung limitiert. Der in Gleichung (2.34) beschriebene Prozessierungsgewinn wirkt dabei der Dämpfung entgegen und ermöglicht höhere Reichweiten. Das abgestrahlte Sendesignal erfährt während der Ausbreitung eine Dämpfung, die proportional zur vierten Potenz der Distanz R ist, da bei der Streuung am Zielobjekt nach dem Huygens'schen Prinzip wiederum Kugelwellen erzeugt werden. Mit der Radar-Gleichung erhält man für die empfangene reflektierte Leistung [Sko08]

$$P_{\mathrm{Rx}} = \frac{P_{\mathrm{Tx,EIRP}} G_{\mathrm{Rx}} \lambda^2 \sigma}{(4\pi)^3 R^4}. \tag{2.35}$$

Dabei bezeichnet $P_{\mathrm{Tx,EIRP}}$ die effektiv isotrop abgestrahlte Sendeleistung, G_{Rx} den Gewinn der Empfangsantenne, λ die zur Trägerfrequenz f_{c} gehörige Wellenlänge und σ den Radar-Rückstreuquerschnitt (*Radar Cross Section*) des reflektierenden Objekts. Das am Empfänger vorhandene Rauschen beruht auf thermischem Rauschen, welches allerdings durch nicht-ideale Eigenschaften der Systemkomponenten des Empfängers verstärkt wird. In der Praxis berechnet man die Rauschleistung am Empfänger daher mit Hilfe einer sogenannten Rauschzahl (*Noise Figure*, F), welche die Verstärkung des thermischen Rauschens angibt. Die Rauschleistung am Empfänger P_{N} berechnet sich dann über

$$P_{\mathrm{N}} = kT_{\mathrm{abs}} BF. \tag{2.36}$$

Dabei bezeichnet k die Boltzmann-Konstante ($k = 1{,}3806503 \cdot 10^{-23}$ J/K), B die gesamte Signalbandbreite, T_{abs} die absolute Temperatur in Kelvin und F die dimensionslose Rauschzahl. Für das Eingangs-SNR am Empfänger ergibt sich somit

$$\mathrm{SNR_{in}} = \frac{P_{\mathrm{Rx}}}{P_{\mathrm{N}}} = \frac{P_{\mathrm{Tx,EIRP}} G_{\mathrm{Rx}} \lambda^2 \sigma}{(4\pi)^3 R^4 \, kT_{\mathrm{abs}} BF}. \tag{2.37}$$

Bei der Durchführung der Radar-Prozessierung tritt der Prozessierungsgewinn G_{p} aus Gleichung (2.34) auf. Dieser erhöht das Signal-zu-Rausch-Verhältnis des Radar-Bildes.

$$\mathrm{SNR_{image}} = \frac{P_{\mathrm{Rx}} G_{\mathrm{p}}}{P_{\mathrm{N}}} = \frac{P_{\mathrm{Tx,EIRP}} G_{\mathrm{Rx}} G_{\mathrm{p}} \lambda^2 \sigma}{(4\pi)^3 R^4 \, kT_{\mathrm{abs}} BF}. \tag{2.38}$$

Diese Gleichung kann umgeformt werden unter Berücksichtigung von Gleichung (2.34) sowie den beiden Zusammenhängen $B = N_c \Delta f = N_c/T$ und $T_{\text{obs,eff}} = N_{\text{sym}} T$. Dabei bezeichnet $T_{\text{obs,eff}}$ die effektive Beobachtungszeit im Empfänger ohne die Berücksichtigung des Cyclic Prefix. Damit kann das SNR nach der Prozessierung auch ausgedrückt werden als

$$\text{SNR}_{\text{image}} = \frac{P_{\text{Tx,EIRP}} G_{\text{Rx}} T_{\text{obs,eff}} \lambda^2 \sigma}{(4\pi)^3 R^4 \, k T_{\text{abs}} F}. \tag{2.39}$$

Das SNR nach der Prozessierung hängt somit neben der empfangenen Signalleistung und der Rauschleistung ausschließlich von der effektiven Beobachtungsdauer ab. Die Bandbreite des Sendesignals tritt in dieser Darstellung nicht mehr explizit auf, steht aber implizit in Bezug zur Beobachtungsdauer $T_{\text{obs,eff}}$. Bei dem Einsatz der OFDM-Signalform ergibt sich die Besonderheit, dass auf Grund der Entfernung des Cyclic Prefix im Empfänger die effektive Beobachtungsdauer bei der Prozessierung $T_{\text{obs,eff}}$ gegenüber der tatsächlichen Beobachtungsdauer T_{obs} verkürzt ist. Das Verhältnis dieser beiden Größen beträgt

$$\frac{T_{\text{obs,eff}}}{T_{\text{obs}}} = \frac{T}{T_{\text{OFDM}}} = \frac{T}{T + T_{\text{p}}}. \tag{2.40}$$

Dies entspricht einer Reduktion um denselben Faktor, der bereits in Abschnitt 2.1 in Bezug auf die Energieeffizienz einer OFDM-Übertragung diskutiert wurde. Bei der Betrachtung nach Gleichung (2.38) ist dieser Verlust nicht ersichtlich, da das SNR der einzelnen Modulationssymbole durch das Cyclic Prefix nicht reduziert wird. Erkennbar wird der Verlust erst, wenn man die absolute Beobachtungsdauer in die Betrachtung mit einbezieht. In der Praxis bedeutet dies, dass ein OFDM-basiertes Radarsystem eine um den Faktor $T + T_{\text{p}}/T$ verlängerte Beobachtungszeit benötigt, um diesen Verlust zu kompensieren. Geht man jedoch davon aus, dass zumindest näherungsweise $T_{\text{p}} \ll T$ gilt, dann ist der Verlust der Beobachtungsdauer durch das Cyclic Prefix und die daraus resultierende Reduktion des SNR gering. An dieser Stelle sollte auch angemerkt werden, dass die Ausstrahlung des Cyclic Prefix sogar dazu führt, dass ein geringer zeitlicher Synchronisationsfehler zwischen Sender und Empfänger keine Reduktion des SNR der Messung bewirkt.

Das Signal-zu-Rausch-Verhältnis des Radar-Bildes $\text{SNR}_{\text{image}}$ entspricht dem Erwartungswert der Dynamik, die bei der Radar-Messung in Bezug auf das Hintergrundrauschen im Radar-Bild erzielt werden kann. Um die unter einer vorgegebenen erforderlichen Dynamik maximal messbare Distanz bestimmen zu können, muss diese Gleichung nach R aufgelöst werden:

$$\begin{aligned} R_{\mathrm{max}} &= \sqrt[4]{\frac{P_{\mathrm{Tx,EIRP}} G_{\mathrm{Rx}} G_{\mathrm{p}} \lambda^2 \sigma}{\mathrm{SNR}_{\mathrm{image}} (4\pi)^3 \, k T_{\mathrm{abs}} B \, F}} \\ &= \sqrt[4]{\frac{P_{\mathrm{Tx,EIRP}} G_{\mathrm{Rx}} \lambda^2 \sigma}{\mathrm{SNR}_{\mathrm{in}} (4\pi)^3 \, k T_{\mathrm{abs}} B \, F}}. \end{aligned} \tag{2.41}$$

2.5.4 Abschließende Bewertung und Vergleich mit einem klassischen Radar-Verfahren

Das entwickelte Verfahren zur gemeinsamen Bestimmung von Distanz und relativer Geschwindigkeit auf Basis der Modulationssymbole soll nun noch einmal abschließend in Bezug auf seine Leistungsfähigkeit beurteilt werden. Hierfür wird das mit dem Verfahren erzielbare SNR einer klassischen Kraftfahrzeug-Radar-Anwendung gegenüber gestellt. Weiterhin wird ein Vergleich zu den in Abschnitt 2.2 betrachteten bereits existierenden OFDM-basierten RadCom-Konzepten gezogen und die Komplexität einer praktischen Implementierung diskutiert.

Zunächst kann festgehalten werden, dass das entwickelte Verfahren alle in Abschnitt 1.1 aufgelisteten Anforderungen vollständig erfüllt:

- Parallel zur Durchführung der Radar-Messung kann beliebige Nutzinformation übertragen werden.
- Die Leistungsfähigkeit des Verfahrens ist vollständig unabhängig von den ausgesendeten Nutzdaten.
- Distanz und relative Geschwindigkeit einer unbegrenzten Anzahl von Objekten können eindeutig und unabhängig voneinander bestimmt werden.
- Bezüglich der Auflösung werden die physikalisch möglichen Grenzen erreicht.
- Der Prozessierungsgewinn ist gleich der Anzahl der verfügbaren Abtastwerte und entspricht somit den Erwartungen.

- Bezüglich des insgesamt resultierenden SNR zeigte sich, dass durch das Ausschneiden des Cyclic Prefix im Empfänger die effektive Beobachtungszeit geringfügig reduziert wird, wodurch sich das SNR entsprechend geringfügig verschlechtert.

Um die Leistungsfähigkeit im Vergleich zu einem klassischen reinen Radar-System bewerten zu können, wird an dieser Stelle das für ein klassisches Radar-System mit linearer Frequenzmodulation resultierende SNR als Vergleichskriterium herangezogen. Bei der folgenden Herleitung des SNR bei Anwendung dieser Signalform wird davon ausgegangen, dass das Radar-System, wie für Automobilanwendungen typisch, als *FMCW*-Radar (Frequency Modulated Continuous Wave) aufgebaut wird. Das Blockschaltbild eines entsprechenden Radar-Systems ist in Bild 2.4(a) gezeigt. Das linear frequenzmodulierte Sendesignal (Bild 2.4(b)) wird typischerweise mit Hilfe eines spannungsgesteuerten Oszillators (*VCO, Voltage Controlled Oscillator*) generiert. Vor der Sendeantenne wird ein Anteil des Sendesignals als Referenz für den Empfänger ausgekoppelt. Wie in Bild 2.4(b) ebenfalls gezeigt wird, ist die Frequenz des empfangenen Signals gegenüber der aktuellen Frequenz des Sendesignals verschoben, wobei die Frequenzverschiebung durch die Laufzeit des Signals verursacht wird und zu dieser proportional ist. Bei der anschließenden Mischung des Empfangssignals mit dem Sendesignal entsteht ein Ausgangssignal mit relativ niedriger Bandbreite, welches mit relativ geringem Aufwand digitalisiert werden kann. Durch die Mischung wird gleichzeitig die Distanzinformation in eine Frequenz transformiert. Dies kann auch so interpretiert werden, dass der Mischer dieselbe Funktion wie die komplexe Division der Modulationssymbole bei der OFDM-Prozessierung erfüllt. Im Anschluss an eine Tiefpassfilterung (*LPF, Low Pass Filter*) und die Digitalisierung wird auch beim FMCW-Radar das Distanz-Profil mit Hilfe einer Fourier-Transformation bzw. FFT gewonnen. Der große Nachteil dieses Konzepts besteht darin, dass ein auftretender Doppler-Effekt die Ausgangsfrequenzen des Mischers verschiebt und dadurch die gemessene Distanz verfälscht. Zur korrekten Bestimmung der Distanz und der relativen Geschwindigkeit müssen mehrere linear frequenzmodulierte Sequenzen mit unterschiedlicher Änderungsrate der Frequenz ausgesendet werden und die bestehenden Mehrdeutigkeiten mathematisch aufgelöst werden. Im Fall einer hohen Anzahl an Reflexionen können hierbei jedoch Fehlinterpretationen auftreten [Men99].

Im Folgenden wird nun das SNR betrachtet, das bei einer Messung mit dem FMCW-Radar im Fall der Aussendung einer linearen Frequenzrampe der

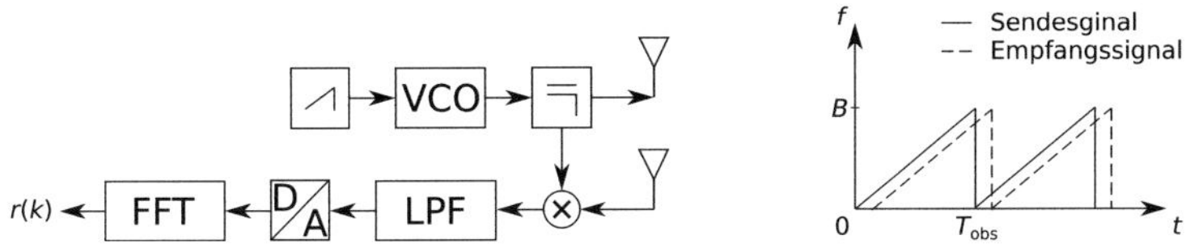

(a) Blockschaltbild (b) Signalform

Bild 2.4: Klassisches FMCW-Radarsystem

Zeitdauer T_{obs} resultiert. Hierbei muss zunächst berücksichtigt werden, dass die für das Rauschen relevante Bandbreite im Empfänger nicht der gesamten Signalbandbreite entspricht. Am Ausgang des Mischers ergibt sich für ein reflektierendes Objekt in der Distanz R die Frequenz

$$f = \frac{2R}{c_0} \frac{B}{T_{\text{obs}}}. \tag{2.42}$$

Dabei bezeichnet B die gesamte Bandbreite, die das Sendesignal durchläuft. Die Grenzfrequenz des Tiefpassfilters vor dem Digital-zu-Analog-Wandler wird so gewählt, dass das Filter alle Frequenzen oberhalb der maximal auftretenden Frequenz, die durch die maximale Entfernung $R_{\max}$ gegeben ist, unterdrückt. Die Bandbreite des empfangenen Signals B_{Rx}, die für das Rauschen relevant ist, beträgt damit

$$B_{\text{Rx}} = \frac{2R_{\max}}{c_0} \frac{B}{T_{\text{obs}}}. \tag{2.43}$$

Genauer betrachtet stellt diese Bandbreite jedoch nur die einseitige Bandbreite des Basisbandsignals ausgehend von der Frequenz 0 dar. Um diese tatsächlich von den Frequenzen im Bereich $-B_{\text{Rx}} < f < 0$ abgrenzen zu können, muss die Mischung des gesendeten und des empfangenen Signals mit einem I/Q-Mischer durchgeführt werden. Tatsächlich wird aus Kostengründen für Automobilanwendungen oft die in Abbildung 2.4(a) dargestellte Implementierung ohne I/Q-Mischer gewählt. Die für das Rauschen relevante Bandbreite beträgt in diesem Fall $2B_{\text{Rx}}$, ansonsten wird die Funktionsfähigkeit des Verfahrens jedoch nicht beeinträchtigt, sofern keine negativen Frequenzen durch Doppler-Verschiebungen verursacht werden. Für die weiteren Betrachtungen wird angenommen, dass die optimale Implementierung mit einem I/Q-Mischer vorliegt und die für das Rauschen relevante Empfängerbandbreite B_{Rx} beträgt. In diesem Fall ergibt sich für das SNR vor der Prozessierung aus den Gleichungen (2.37) und (2.43)

$$\begin{aligned} \mathrm{SNR}_{\mathrm{in,FMCW}} &= \frac{P_{\mathrm{Tx,EIRP}} G_{\mathrm{Rx}} \lambda^2 \sigma}{(4\pi)^3 R^4 \, k T_{\mathrm{abs}} B_{\mathrm{Rx}} \, F} \\ &= \frac{P_{\mathrm{Tx,EIRP}} G_{\mathrm{Rx}} \lambda^2 \sigma c_0 T_{\mathrm{obs}}}{(4\pi)^3 R^4 \, k T_{\mathrm{abs}} 2 R_{\mathrm{max}} B \, F}. \end{aligned} \tag{2.44}$$

Berücksichtigt man nun noch den Zusammenhang zwischen der Bandbreite und der Distanzauflösung aus Gleichung (2.13), dann folgt

$$\mathrm{SNR}_{\mathrm{in,FMCW}} = \frac{P_{\mathrm{Tx,EIRP}} G_{\mathrm{Rx}} \lambda^2 \sigma}{(4\pi)^3 R^4 \, k T_{\mathrm{abs}} \, F} \frac{T_{\mathrm{obs}} \Delta R}{R_{\mathrm{max}}}. \tag{2.45}$$

Im Vergleich zu dem in Gleichung (2.37) beschriebenen Eingangs-SNR des OFDM-Systems ergibt sich durch die Mischung der Signale hier ein SNR-Gewinn von $T_{\mathrm{obs}} \Delta R / R_{\mathrm{max}}$. Dieser Faktor erscheint zunächst relativ abstrakt. Eine genauere Betrachtung offenbart jedoch, dass das hierin enthaltene inverse Verhältnis $R_{\mathrm{max}} / \Delta R$ genau der Anzahl der Abtastwerte entspricht, die benötigt wird, um das Distanz-Profil darzustellen. Somit stellt diese Größe auch die Anzahl der Eingangswerte der FFT und damit gleichzeitig den bei der FFT erzielten Prozessierungsgewinn dar (vgl. Abschnitt 2.5.2). Für das SNR des Radar-Bildes nach der FFT-Prozessierung folgt somit

$$\begin{aligned} \mathrm{SNR}_{\mathrm{image,FMCW}} &= \mathrm{SNR}_{\mathrm{in,FMCW}} \frac{R_{\mathrm{max}}}{\Delta R} \\ &= \frac{P_{\mathrm{Tx,EIRP}} G_{\mathrm{Rx}} T_{\mathrm{obs}} \lambda^2 \sigma}{(4\pi)^3 R^4 \, k T_{\mathrm{abs}} \, F}. \end{aligned} \tag{2.46}$$

Es resultiert hier also dasselbe Ergebnis wie für das OFDM-basierte Verfahren in Gleichung (2.39) mit dem Unterschied, dass die effektive Beobachtungsdauer tatsächlich der realen Beobachtungsdauer entspricht. Diese Tatsache gilt allerdings nur bei einer theoretischen Betrachtung. In einem realen FMCW-Radar wird für die Erzeugung der linearen Frequenzmodulation typischerweise ein Phasenregelkreis (*PLL, Phase Locked Loop*) eingesetzt. In diesem Fall tritt zu Beginn der Aussendung ein Einschwingvorgang auf, währenddessen auf Grund mangelnder Genauigkeit der Linearität der Frequenzrampe keine Auswertung des empfangenen Signals durchgeführt werden kann [Men99]. Die effektive Beobachtungsdauer ist daher auch für das FMCW-Radar kleiner als T_{obs}. Zudem ergibt sich die Problematik, dass bei der einfachen Realisierung nach Bild 2.4(a) die tatsächlich für das Rauschen wirksame Bandbreite $2B_{\mathrm{Rx}}$ beträgt. Als Konsequenz daraus ergibt sich eine Halbierung des SNR am Ausgang des Radar-Prozessors bzw. eine Verschlechterung des SNR um 3 dB. Das OFDM-basierte Verfahren liefert somit auch in Bezug auf das erzielbare Signal-zu-Rausch-Verhältnis eine vergleichbare Leistungsfähigkeit wie ein klassisches Radar mit linear frequenzmodulierten Signalen. Die Leistungsfähigkeit einer typischen einfachen FMCW-Implementierung wird in Bezug auf das SNR sogar um 3 dB übertroffen.

In [BSJ10] wurde darüber hinaus analytisch gezeigt, dass das modulationssymbol-basierte Prozessierungsverfahren als *Maximum-Likelihood-Schätzer* interpretiert werden kann. Dies bedeutet, dass das Verfahren die bestmögliche Genauigkeit bei der Schätzung von Distanz und relativer Geschwindigkeit ermöglicht und damit auch in Bezug auf die Genauigkeit mindestens gleich leistungsfähig wie jedes andere klassische Radar-Verfahren ist. Somit erlaubt die Kombination aus OFDM-Signalen und dem modulationssymbolbasierten Prozessierungsverfahren sowohl für die Radar-Anwendung als auch die Kommunikationsanwendung die im Rahmen der physikalischen Grenzen bestmögliche Leistungsfähigkeit.

Im Vergleich mit den bereits aus der Literatur bekannten Verfahren zur Durchführung von Radar-Messungen mit OFDM-Signalen aus Abschnitt 2.2 zeigt sich, dass durch die hier vorgenommene Beschreibung auf Basis der Modulationssymbole eine deutliche Vereinfachung der mathematischen Beschreibung der erforderlichen Prozessierungsschritte erzielt werden kann. Insbesondere die Entfernung des Einflusses der im empfangenen Signal enthaltenen Nutzdaten kann mit dieser Beschreibung sehr einfach realisiert werden. Dadurch ermöglicht das entwickelte Verfahren im Gegensatz zu der Mehrzahl der aus der Literatur bekannten Verfahren eine sehr hohe Dynamik. Ein weiterer Vorteil wird durch die konsequente Berücksichtigung der zweidimensionalen Struktur der OFDM-Signale in Form der Symbol-Matrix $\mathbf{D}$ erzielt. Diese Betrachtungsweise erlaubt einen einfachen und separaten Zugriff auf Distanz und Doppler und eine einfache Implementierung auf Basis von Fourier-Transformationen, wodurch im Gegensatz zu den bislang in der Literatur beschriebenen Verfahren keinerlei Bedarf für komplexe Prozessierungsalgorithmen besteht.

Durch die Beschränkung auf Fourier-Transformationen kann der für die Prozessierung benötigte Rechenaufwand in überschaubarem Rahmen gehalten werden. Zur Decodierung der empfangenen Modulationssymbole aus dem Basisband-Signal muss in einem klassischen OFDM-System zur Datenkommunikation pro OFDM-Symbol eine FFT der Länge N_c berechnet werden. Bei der Übertragung eines OFDM-Rahmens der Länge N_sym ist somit insgesamt die Berechnung von N_sym FFT-Operationen der Länge N_c erforderlich. Auch vor dem Hintergrund, dass der OFDM-Empfänger ohnehin die Fähigkeit besitzt, die Modulationssymbole zurück zu gewinnen, macht es durchaus Sinn, die Radar-Prozessierung wie im hier entwickelten Verfahren direkt auf den Modulationssymbolen aufzusetzen. So können durch die gemeinsame Nutzung der Einheit zur Rückgewinnung der Modulationssymbole durch die beiden Anwendungen Kommunikation und Radar zusätzliche Synergien genutzt werden. Für die anschließende Durchführung der Radar-Prozessierung werden neben den Divisionen zusätzlich N_c FFT-Operationen der Länge N_sym sowie N_sym FFT-Operationen der Länge N_c benötigt. Geht man für eine Abschätzung davon aus, dass N_c und N_sym in der selben Größenordnung liegen und der Aufwand der Divisionen gegenüber dem Aufwand der FFT-Operationen vernachlässigbar ist, so ergibt sich für die Durchführung der Radar-Prozessierung mit dem entwickelten Verfahren lediglich der dreifache Rechenaufwand im Vergleich zur Rückgewinnung der Modulationssymbole in einem alleinigen Kommunikations-Empfänger. Da OFDM-Empfänger bereits für vielseitige Anwendungen verfügbar sind und eine Parallelisierung der FFT-Operationen vorgenommen werden kann, stellt eine Erhöhung des Rechenaufwandes um den Faktor drei keine hohe Schwelle dar. Somit kann davon ausgegangen werden, dass eine Implementierung des entwickelten Prozessierungsverfahrens in Echtzeit mit heute verfügbarer Technologie problemlos möglich ist.

3 Systemparametrisierung und simulative Verifikation

In diesem Kapitel werden zunächst die Anforderungen an die Systemparameter des OFDM-basierten RadCom-Systems sowohl hinsichtlich der Kommunikationsanwendung als auch hinsichtlich der Radar-Anwendung betrachtet. Darauf aufbauend wird eine spezifische Systemparametrisierung für das 24 GHz ISM-Band abgeleitet, die den Anforderungen aus Sicht beider Anwendungen gerecht wird. Anschließend wird die Implementierung eines Simulationsmodells in MatLab beschrieben, welches die Basis für die darauf folgende simulative Untersuchung der Funktionsfähigkeit und der Leistungsfähigkeit des entwickelten modulationssymbol-basierten Prozessierungsverfahrens bildet. Dabei wird insbesondere die Leistungsfähigkeit des Verfahrens unter dem Einfluss von Rauschen und Interferenz betrachtet und die in einer realen Anwendung erzielbare Reichweite abgeschätzt.

3.1 Ermittlung einer geeigneten Systemparametrisierung

Bei der Festlegung geeigneter Systemparameter müssen zahlreiche Randbedingungen berücksichtigt werden. In diesem Zusammenhang existieren einerseits Randbedingungen, die sich aus den physikalischen Eigenschaften der Signalausbreitung ergeben. Diese müssen respektiert werden, um die prinzipielle Funktionsfähigkeit des OFDM-Verfahrens zu garantieren, und betreffen sowohl die Kommunikations- als auch die Radar-Anwendung. Darüber hinaus existieren weitere Randbedingungen, die ausschließlich die Radar-Anwendung bzw. deren Leistungsfähigkeit betreffen. Hierbei handelt es sich um die in Abschnitt 2.3 und 2.4 gefundenen Limitierungen des entwickelten Verfahrens. Diese müssen bei der Wahl der Systemparameter ebenfalls berücksichtigt werden, um die gewünschte Leistungsfähigkeit zu erhalten. Erste Überlegungen zu dieser Thematik wurden bereits in [SZW09a] diskutiert. In den folgenden Abschnitten werden sowohl die gemeinsamen als auch die ausschließlich durch die Radar-Anwendung vorgegebenen Randbedingungen im Detail betrachtet. Dabei werden Schritt für Schritt Grenzen bezüglich der Systemparameter festgehalten und schließlich eine vollständige Systemparametrisierung entwickelt. Als Ziel wird eine Anwendung im 24 GHz ISM-Band angenommen ($f_c = 24$ GHz). Selbstverständlich kann der aufgezeigte Weg zur Festlegung der Systemparameter unverändert auf andere Trägerfrequenzen übertragen werden.

3.1.1 Randbedingungen auf Grund physikalischer Eigenschaften der Wellenausbreitung

Die beiden Wellenausbreitungseffekte, die eine maßgebliche Einschränkung der zulässigen Systemparameter bewirken, sind die Mehrwegeausbreitung und die Doppler-Verbreiterung. Mehrwegeausbreitung tritt auf, sobald die ausgesendete elektromagnetische Welle auf ihrem Weg zwischen Sender und Empfänger mit Objekten interagiert. In diesem Zusammenhang ist insbesondere die maximale Verzögerungszeit zwischen der ersten und der letzten am Empfänger eintreffenden Signalkomponente von Interesse. Die Doppler-Verbreiterung beschreibt die Aufweitung einer einzelnen Spektrallinie aufgrund der Überlagerung von Signalpfaden, die unterschiedliche Doppler-Verschiebungen aufweisen, und kann somit als indirekte Konsequenz der Mehrwegeausbreitung in dynamischen Szenarien aufgefasst werden. Eine detaillierte Beschreibung dieser Effekte kann in [GW98] gefunden werden. Für die vorgesehene Anwendung eines RadCom-Systems in dynamischen Straßenverkehrsszenarien muss davon ausgegangen werden, dass beide Effekte in hohem Maße auftreten. Dabei haben beide Effekte einen stärkeren Einfluss auf die Radar-Anwendung als auf die Kommunikationsanwendung, da in diesem Fall das Sendesignal die Wegstrecke zweifach durchläuft und somit in allen relevanten Gleichungen ein Faktor 2 involviert ist (vgl. Gleichung (2.14)).

In Bezug auf die Robustheit gegenüber möglichen Doppler-Verschiebungen stellt folglich die Radar-Sensorik die kritischere Anwendung dar. In diesem Fall kommt zusätzlich die Anforderung hinzu, dass als Lokaloszillator am Empfänger derselbe Oszillator wie am Sender zum Einsatz kommen muss, da eine Frequenzdifferenz zwischen den beiden Oszillatoren als Doppler-Verschiebung und somit als relative Geschwindigkeit interpretiert würde. Für eine reine Datenkommunikation ist dagegen keine perfekte Synchronisation der

Lokaloszillatoren erforderlich, da eine geringe Frequenzverschiebung durch den Entzerrer im Empfänger kompensiert werden kann. In der Praxis ergeben sich folgende Grenzen für die Parameterwahl:

- Unter der Annahme, dass in einem typischen Straßenverkehrsszenario in Bezug auf benachbarte Fahrzeuge und feststehende Objekte maximal eine relative Geschwindigkeit von $v_{\mathrm{rel,max}} = 200\,\mathrm{km/h}$ auftritt (entspricht 55,6 m/s), ergibt sich aus Gleichung (2.14) für eine Trägerfrequenz von $f_{\mathrm{c}} = 24\,\mathrm{GHz}$ eine maximale Doppler-Verschiebung des reflektierten Signals von $f_{\mathrm{D,max}} = 8{,}9\,\mathrm{kHz}$.

- Gemäß gebräuchlichen Regeln zum Parameter-Entwurf für OFDM-Systeme [Eng02], muss der Abstand Δf der Unterträger im Frequenzbereich mindestens den zehnfachen Wert der maximalen Doppler-Verschiebung betragen ($\Delta f > 10 f_{\mathrm{D,max}}$), damit die Orthogonalität gewahrt bleibt und keine spürbare Interferenz zwischen den einzelnen Unterträgern (*Inter Carrier Interference, ICI*) auftritt.

Die maximale Laufzeitdifferenz zwischen den einzelnen Ausbreitungspfaden gibt die erforderliche Mindestdauer für das Cyclic Prefix vor (vgl. Abschnitt 2.1). Hier ergeben sich nun unterschiedliche Bedingungen für die Fälle Kommunikation und Radar, da das Signal jeweils unterschiedliche Wege zurücklegt. Bei der Kommunikation wird das OFDM-Signal von der RadCom-Systemplattform zu einem entfernten Empfänger übertragen. Da bei der gewählten Trägerfrequenz $f_{\mathrm{c}} = 24\,\mathrm{GHz}$ der Einfluss der Beugung der Wellen an Hindernissen gering ist und gleichzeitig die Ausbreitungsdämpfung hoch ist, kann davon ausgegangen werden, dass keine Ausbreitungspfade mit hoher Umwegelaufzeit auftreten, die einen signifikanten Beitrag zur empfangenen Signalleistung liefern. Im Fall der Radar-Anwendung entspricht die maximale Signallaufzeit der Zwei-Wege-Laufzeit zwischen dem RadCom-System und dem am weitesten entfernten Objekt, das noch einen detektierbaren Beitrag zur empfangenen Signalleistung liefert. Auf der anderen Seite muss davon ausgegangen werden, dass eine direkte Kopplung zwischen der Sendeantenne und der Empfangsantenne des RadCom-Systems besteht. Die maximale Laufzeitdifferenz entspricht für die Radar-Anwendung folglich der Zwei-Wege-Laufzeit zwischen dem RadCom-System und dem am weitesten entfernten detektierbaren Objekt. Die daraus resultierenden Grenzen sind:

- Geht man davon aus, dass auf Grund der sehr hohen Ausbreitungsdämpfung bei Radar-Messungen und der für ISM-Anwendungen typischen niedrigen Sendeleistungen eine Detektion von Objekten maximal bis zu einer Distanz von $R_{\mathrm{max}} = 200\,\mathrm{m}$ möglich ist, ergibt sich für die Dauer des Cyclic Prefix die Bedingung $T_{\mathrm{p}} > 1{,}33\,\mu\mathrm{s}$.

- Für die Kommunikationsanwendung begrenzt diese Wahl die maximale Laufzeitdifferenz zwischen den einzelnen Ausbreitungspfaden auf 400 m, was in der geplanten Anwendung jedoch als unkritisch angenommen werden kann.

3.1.2 Randbedingungen auf Grund der Radar-Anwendung

Ausschließlich durch die Radar-Anwendung vorgegebene Randbedingungen resultieren insbesondere aus den in den Abschnitten 2.3 und 2.4 hergeleiteten Limitierungen auf Grund der in dem entwickelten Verfahren implizit vorgenommenen Diskretisierung von Beobachtungszeit und Frequenz sowie aus den Gesetzmäßigkeiten für die Auflösung. Die größte eindeutig messbare Distanz R_{u} wird laut Gleichung (2.12) durch die OFDM-Symboldauer T limitiert. Um möglichst hohe Distanzen messen zu können, muss die OFDM-Symboldauer möglichst groß gewählt werden. In Abschnitt 3.1.1 wurde festgestellt, dass auch die Dauer T_{p} des Cyclic Prefix entsprechend der in dem betrachteten Szenario vorhandenen maximalen Objekt-Distanz gewählt werden muss. Für die OFDM-Symboldauer T gilt also die selbe Bedingung wie für die Dauer T_{p} des Cyclic Prefix. Unter der zuvor getroffenen Annahme $R_{\mathrm{max}} = 200\,\mathrm{m}$ folgt $T, T_{\mathrm{p}} > 1{,}33\,\mu\mathrm{s}$. Wie in Abschnitt 2.1 allerdings bereits diskutiert wurde, geht die im Cyclic Prefix enthaltene Signalenergie vollständig verloren. Aus Gründen der Energieeffizienz sollte daher bei einer praktischen Parameterwahl die OFDM-Symboldauer viel größer als die Dauer des Cyclic Prefix gewählt werden ($T \gg T_{\mathrm{p}}$), um die Verluste durch das Cyclic Prefix zu minimieren. Damit folgt $R_{\mathrm{u}} \gg R_{\mathrm{max}}$ und die kritische Größe bei der Parameterwahl ist folglich R_{max}. Die Auflösung wird gemäß Gleichung 2.13 lediglich durch die Gesamtbandbreite B begrenzt. Bei der Parameterwahl kann zum Erreichen einer vorgegebenen Gesamtbandbreite ein flexibler Austausch zwischen Unterträgerabstand Δf und Anzahl der Unterträger N_{c} vorgenommen werden. Der Unterträgerabstand Δf bzw. die OFDM-Symboldauer T bewirken folglich keine Limitierung der erzielbaren Auflösung.

Im Gegensatz dazu wird die größte eindeutig messbare relative Geschwindigkeit $v_{\mathrm{rel,u}}$ gemäß Gleichung (2.24) durch den Unterträgerabstand Δf limitiert. Um möglichst hohe relative Geschwindigkeiten messen zu können, muss der Abstand der Unterträger möglichst hoch gewählt werden. Bezieht man zusätzlich die Betrachtungen aus Abschnitt 3.1.1 ein, so zeigt sich jedoch auch im Fall der Doppler-Verschiebung, dass die dort gestellte Bedingung $\Delta f > 10 f_{\mathrm{D,max}}$ ein wesentlich härteres Kriterium darstellt. Somit gilt $v_{\mathrm{rel,max}} \ll v_{\mathrm{rel,u}}$ und auch in Bezug auf die Wahl des Unterträgerabstandes Δf stellt die auf Grund der physikalischen Wellenausbreitung resultierende Bedingung die limitierende Größe dar. Mit den in Abschnitt 3.1.1 gemachten Annahmen resultiert $\Delta f > 89\,\mathrm{kHz}$. Die Auflösung für die relative Geschwindigkeit hängt laut Gleichung (2.25) neben der Trägerfrequenz nur von der gesamten Beobachtungsdauer T_{obs} ab. Durch die Wahl einer passenden Anzahl ausgewerteter OFDM-Symbole N_{sym} kann somit eine beliebige Auflösung für die relative Geschwindigkeit unabhängig vom Abstand der Unterträger Δf bzw. der Symboldauer T erzielt werden.
Bezüglich der aus der Radar-Anwendungen resultierenden Randbedingungen ergibt sich daraus folgendes Fazit:

- Die auf Grund der physikalischen Wellenausbreitung gegebenen Randbedingungen sind weit restriktiver als diejenigen, die sich ausschließlich auf die Leistungsfähigkeit der Radar-Anwendung beziehen.

- Bei einer praktischen Systemparametrisierung eines OFDM-basierten RadCom-Systems genügt es daher, die klassischen Strategien bei der Parameterwahl für OFDM-Anwendungen zu berücksichtigen.

Grundsätzlich ergeben sich durch die Orthogonalitätsbedingung $\Delta f = 1/T$ sowohl eine obere als auch eine untere Grenze für die Wahl der beiden zentralen Parameter Δf und T. Die limitierenden Größen sind nochmals in Tabelle 3.1 zusammengefasst.

3.1.3 Parametrisierung für das 24 GHz ISM-Band

Die zuvor abgeleiteten Randbedingungen werden nun zu einer vollständigen Parametrisierung für das 24 GHz ISM-Band weiter entwickelt. Der mögliche Spielraum bezüglich der OFDM-Symboldauer T und des Unterträgerabstandes Δf wird durch die Bedingungen $T_{\mathrm{p}} > 1{,}33\,\mu\mathrm{s}$ und $\Delta f > 89\,\mathrm{kHz}$ eingegrenzt. Diese beiden Grenzen und die weitere Vorgehensweise bei der

Tabelle 3.1: Bedingungen für die Wahl der OFDM-Systemparameter

Symbol	Bezeichnung	Bedingung
T_p	Dauer des Cyclic Prefix	$T_\mathrm{p} > 2R_\mathrm{max}/c_0$
T	Elementare OFDM-Symboldauer	$T \gg T_\mathrm{p}$
Δf	Abstand der Unterträger	$\Delta f > 10 f_\mathrm{D,max}$

endgültigen Festlegung der Parameter sind in Bild 3.1 grafisch veranschaulicht. Die OFDM-Symboldauer T und der Unterträgerabstand Δf sind über die Orthogonalitätsbedingung aus Gleichung 2.3 fest aneinander gekoppelt. Unter Berücksichtigung dieses Zusammenhangs können die zuvor genannten Bedingungen auch umformuliert werden zu $\Delta f < 752$ kHz und $T < 11{,}2\,\mu$s. Es bleibt folglich ein gewisser Spielraum für die Wahl der Parameter übrig. Um die Verluste durch das Cyclic Prefix zu minimieren, sollte ein möglichst hoher Wert für T gewählt werden. Dies entspricht im Umkehrschluss einem möglichst niedrigen Abstand der Unterträger. Die in Bild 3.1 dargestellte Vorgehensweise beginnt daher mit der mit der maximalen Doppler-Verschiebung $f_\mathrm{D,max}$ als Ausgangspunkt. Der Unterträgerabstand wird mit $\Delta f = 90{,}909$ kHz nur geringfügig über der Untergrenze angesetzt. Hieraus ergibt sich sofort $T = 11\,\mu$s. Auf der anderen Seite wird die minimale Dauer des Cyclic Prefix durch die maximale Distanz R_max vorgegeben. Auch für diesen Parameter wird mit $T_\mathrm{p} = 1/8\ T = 1{,}375\ \mu$s ein Wert knapp oberhalb des Limits gewählt. Dadurch wird sichergestellt, dass die Dauer des Cyclic Prefix T_p deutlich kleiner als die OFDM-Symboldauer T ist. Mit den gewählten Werten beträgt deren Verhältnis $T_\mathrm{p} = 1/8\ T$. Der in Abschnitt 2.5.3 diskutierte Verlust an effektiver Beobachtungsdauer durch das Cyclic Prefix beträgt damit 1/9 bzw. 0,51 dB. Es kann davon ausgegangen werden, dass dieser Verlust bei einer praktischen Anwendung nicht ins Gewicht fällt. Für die gesamte ausgesendete OFDM-Symboldauer inklusive des Cyclic Prefix ergibt sich $T_\mathrm{OFDM} = 12{,}375\,\mu$s.

Für die Wahl der Anzahl der Unterträger N_c sowie die Anzahl der ausgewerteten OFDM-Symbole N_sym besteht nach wie vor die volle Flexibilität, diese entsprechend vorgegebener Anforderungen für Distanz- und Doppler-Auflösung zu wählen. Auch wenn das 24 GHz ISM-Band in vielen Ländern die Nutzung einer Bandbreite von 250 MHz erlaubt, ist es dennoch auf Grund des Implementierungsaufwandes und der damit verbundenen Kosten vorteil-

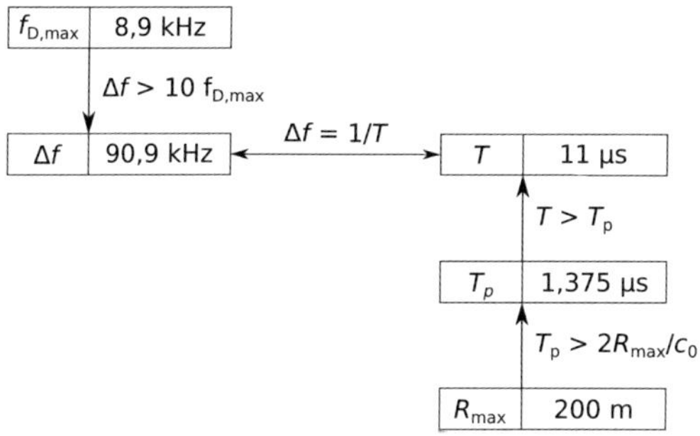

Bild 3.1: Grafische Darstellung der Vorgehensweise bei der Parameterwahl

haft, die Gesamtbandbreite des Systems nicht unnötig hoch anzusetzen. Geht man davon aus, dass für typische Anwendungen im Straßenverkehr, wie z.B. der Detektion anderer Fahrzeuge, eine Entfernungsauflösung in der Größenordnung von 1 - 2 m ausreichend ist, dann ist nach Gleichung (2.13) eine Gesamtbandbreite in der Größenordnung von $B = 100\,\text{MHz}$ erforderlich. Typischerweise wird für die Anzahl der Unterträger eine Zweierpotenz gewählt, da die benötigten diskreten Fourier-Transformationen dann besonders effizient implementiert werden können. Als Wahl wird schließlich $N_c = 1024$ getroffen, wodurch sich als Gesamtbandbreite $B = 93{,}1\,\text{MHz}$ und daraus eine Entfernungsauflösung von $\Delta R = 1{,}61$ m ergibt. Für die Auflösung der relativen Geschwindigkeit kann ein Wert in der Größenordnung von $\Delta v_{\text{rel}} = 2$ m/s als gut geeignet für praktische Anwendungen angesehen werden. Durch die Wahl von $N_{\text{sym}} = 256$ wird eine Auflösung für die relative Geschwindigkeit von $\Delta v_{\text{rel}} = 1{,}97$ m/s erreicht. Da die Wahl der gesamten Beobachtungszeit im Gegensatz zu der Systembandbreite nicht an die Auslegung der Systemkomponenten geknüpft ist, kann N_{sym} flexibel gehalten werden und sogar im laufenden Betrieb adaptiv an die Umgebung angepasst werden. Die Festlegung $N_{\text{sym}} = 256$ ist daher lediglich als typischer Wert zu interpretieren. In den folgenden Untersuchungen werden teilweise auch alternative Werte für N_{sym} betrachtet. Mit dem typischen Wert $N_{\text{sym}} = 256$ ergibt sich unter der Berücksichtigung der Anzahl der Unterträger aus Gleichung (2.34) ein Prozessierungsgewinn von $G_p = 54{,}2\,\text{dB}$. Die gesamte Beobachtungsdauer beträgt dann $T_{\text{obs}} = N_{\text{sym}} T_{\text{OFDM}} = 3{,}17\,\text{ms}$. Auf Grund des Ausschneidens des Cyclic Prefix reduziert sich die für den Prozessierungsgewinn

wirksame effektive Beobachtungsdauer auf $T_{\mathrm{obs,eff}} = N_{\mathrm{sym}}T = 2{,}82\,\mathrm{ms}$ (vgl. Abschnitt 2.5.3). Der Prozessierungsgewinn G_{p} bei einer Betrachtung auf Basis der Modulationssymbole wird hierdurch jedoch nicht reduziert. Für den aus der Diskretisierung der Signale resultierenden Eindeutigkeitsbereich der Distanz ergibt sich $R_{\mathrm{u}} = 1650\,\mathrm{m}$. Die eindeutig maximal messbare positive oder negative relative Geschwindigkeit beträgt $\Delta v_{\mathrm{rel,u}} = 252{,}5\,\mathrm{m/s}$. Während die maximale Distanz R_{max} und die maximale relative Geschwindigkeit $v_{\mathrm{rel,max}}$ diejenigen Grenzen beschreiben, innerhalb derer Objekte mit maximaler Leistungfähigkeit detektiert werden können, stellen die größte eindeutig messbare Distanz R_{u} und relative Geschwindigkeit $v_{\mathrm{rel,u}}$ die absoluten physikalischen Grenzen dar, die auch unter Akzeptanz einer reduzierten Systemleistung nicht überschritten werden können. Während der gesamten Beobachtungsdauer T_{obs} bewegt sich ein Objekt mit der Geschwindigkeit $v_{\mathrm{rel,max}} = 55{,}6\,\mathrm{m/s}$ lediglich um eine Distanz von 17,6 cm weiter. Diese Distanz ist um zwei Größenordnungen geringer als die Distanzauflösung ΔR. Somit kann davon ausgegangen werden, dass bei der vorgenommenen Parameterwahl die Änderung der Distanz während der Integrationsdauer keinen Einfluss auf das Messergebnis ausübt und die Messergebnisse für Distanz und relative Geschwindigkeit unabhängig voneinander sind.
Eine tiefer gehende Studie zur Ermittlung idealer Systemparameter für ein OFDM-basiertes RadCom-System, die auf Basis eines strahlenoptischen Wellenausbreitungsmodells durchgeführt wurde, wird in [BSNJ09] vorgestellt. Die in dieser Studie gewonnen Randbedingungen für die Parameter bestätigen die hier vorgenommenen vereinfachten Annahmen. Somit kann festgehalten werden, dass die gewählte Parametrisierung die optimale Funktionsfähigkeit einer OFDM-basierten RadCom-Anwendung im 24 GHz Band in typischen Straßenverkehrsszenarien garantiert. In Tabelle 3.2 sind nochmals alle Systemparameter und daraus resultierenden Leistungsdaten zusammengefasst.

3.2 Implementierung eines Simulationsmodells in MatLab

Zur Demonstration der Funktionsfähigkeit sowie zur Analyse der Leistungsfähigkeit des entwickelten Verfahrens wurde ein vollständiges Systemmodell für ein OFDM-basiertes RadCom-System in der technischen Programmiersprache MatLab implementiert. Das Systemmodell orientiert sich an dem in Bild 2.2 gezeigten Systemaufbau und besteht aus Komponenten für Sender,

Tabelle 3.2: OFDM-Systemparametrisierung für eine RadCom-Anwendung im 24 GHz ISM-Band und daraus resultierende Leistungsdaten

Symbol	Bezeichnung	Wert
f_c	Trägerfrequenz	24,05 GHz
N_c	Anzahl Unterträger	1024
Δf	Abstand Unterträger	90,909 kHz
T	Elementare OFDM-Symboldauer	11 μs
T_p	Dauer Cyclic Prefix	1,375 μs
T_{OFDM}	Gesamte OFDM-Symboldauer	12,375 μs
B	Gesamte Signalbandbreite	93,1 MHz
ΔR	Entfernungsauflösung	1,61 m
R_{max}	Maximale Distanz	200 m
R_u	Größte eindeutig messbare Distanz	1650 m
N_{sym}	Anzahl OFDM-Symbole (variabel)	256
Δv_{rel}	Auflösung rel. Geschwindigkeit (variabel)	1,97 m/s
$v_{rel,max}$	Maximale relative Geschwindigkeit	55,6 m/s
$v_{rel,u}$	Größte eind. messbare rel. Geschwindigkeit	252,5 m/s
T_{obs}	Beobachtungsdauer im Empfänger	3,17 ms
$T_{obs,eff}$	Eff. Beobachtungsdauer ohne Cyclic Prefix	2,82 ms
T_p/T_{OFDM}	Leistungsverlust durch das Cyclic Prefix	0,51 dB
G_p	Prozessierungsgewinn	54,2 dB

Wellenausbreitung und Empfänger, wobei letzterer sowohl eine Detektion der empfangenen Daten wie in einem gewöhnlichen OFDM-Empfänger als auch eine Radar-Prozessierung vornehmen kann. Die Systemparameter sind in allen Komponenten flexibel einstellbar, so dass auch andere Parameter als die in Tabelle 3.2 aufgelisteten Werte zum Einsatz kommen können. Die Komponenten für Sender und Empfänger sind darüber hinaus so konzipiert, dass diese später beim Aufbau eines Systemdemonstrators zur Erzeugung bzw. Verarbeitung der Signale übernommen werden können. Der Aufbau der einzelnen Komponenten wird im Folgenden näher betrachtet.

Im Sender wird zunächst mit einem Zufallsgenerator eine zufällige binäre Sequenz der Länge $2N_\mathrm{c}N_\mathrm{sym}$ erzeugt, die die zu übertragenen Nutzdaten repräsentiert. Falls zur Untersuchung der Bitfehlerrate im Empfänger die Nutzdaten decodiert werden sollen, können optional eine definierte Präambel sowie Pilotsymbole in den Datenstrom eingefügt werden, die später im Empfänger der Entzerrung des Übertragungskanals dienen. Die einzelnen Bits werden anschließend paarweise auf die N_c Unterträger verteilt und wie in Abschnitt 2.1 beschrieben mittels 4-PSK Modulation in komplexwertige zweistufige Modulationssymbole codiert, d.h. jedes Modulationssymbol trägt eine Information von 2 Bit. Daraufhin wird das Zeitsignal im Basisband erzeugt, indem sukzessive für jedes der N_sym OFDM-Symbole eine inverse diskrete Fourier-Transformation über alle zugehörigen N_sym Modulationssymbole berechnet wird. Schließlich wird noch wie in Abschnitt 2.1 beschrieben vor jedem OFDM-Symbol ein Cyclic Prefix eingefügt. Die Abtastrate des so erzeugten Basisband-Signals entspricht dabei dem Takt der Modulationssymbole N_c/T. Diese Abtastrate wird während der kompletten Simulation beibehalten. Eine Mischung auf die Trägerfrequenz wird in der Simulation nicht vorgenommen, da diese eine immens hohe Abtastrate erfordern würde. Stattdessen wird das Sendesignal in einer äquivalenten Basisbanddarstellung beschrieben.

Zur Modellierung der Wellenausbreitung kommt ein Punktstreuermodell zum Einsatz. Es erlaubt die Berechnung der Reflexion des Sendesignals an einer beliebigen Anzahl von punktförmigen Streuern, wobei jedem Streuer eine beliebige Distanz R, eine beliebige relative Geschwindigkeit v_rel sowie ein frei wählbarer Radar-Rückstreuquerschnitt σ zugewiesen werden kann. Eine mögliche Richtcharakteristik der Antennen wird in dem Modell nicht berücksichtigt. Für jeden Streuer wird zunächst ein individuelles Empfangssignal unter Berücksichtigung der auftretenden Zeitverzögerung, Doppler-Verschiebung, Phasendrehung und Amplitudendämpfung berechnet, anschließend werden die individuellen Empfangssignale zu einem Gesamtsignal überlagert. Unter Berücksichtigung der Radar-Gleichung (2.35) ergibt sich für das Empfangssignal im Fall der Präsenz von N_p Punktstreuern:

$$\begin{aligned} y(t) = \sum_{p=1}^{N_\mathrm{p}} \sqrt{\frac{G_\mathrm{Tx} G_\mathrm{Rx} \lambda^2 \sigma_{\mathrm{RCS},p}}{(4\pi)^3 R_p^4}} \\ \cdot \exp\left(j2\pi\left(-\frac{2R_p}{\lambda} + \frac{2v_{\mathrm{rel},p}}{\lambda} t\right)\right) x\left(t - \frac{2R_p}{c_0}\right). \end{aligned} \tag{3.1}$$

Der Empfänger kann sowohl die im empfangenen Signal enthaltene Information decodieren als auch unter Einbeziehung der ausgesendeten Information ein Radar-Bild berechnen. Dem empfangenen Signal kann dabei weißes Gaußsches Rauschen mit einem beliebigen Signal-zu-Rausch-Verhältnis überlagert werden. Für beide Anwendugen werden zunächst aus dem empfangenen Signal die Modulationssymbole zurückgewonnen. Falls von einer anderen Systemplattform ausgesendete Information decodiert werden soll, muss hierfür eine Zeit- und Frequenzsynchronisation mit Hilfe der Präambel durchgeführt werden. Für diesen Zweck kommt im Simulationsmodell der in OFDM-Systemen üblicherweise verwendete Algorithmus von Schmidl und Cox [SC97] zum Einsatz. Danach wird das empfangene komplexwertige Basisbandsignal in einzelne, zu den N_sym OFDM-Symbolen gehörige Abschnitte unterteilt und jeweils das Cyclic Prefix entfernt. Aus den einzelnen Abschnitten werden jeweils mit Hilfe einer diskreten Fourier-Transformation die einzelnen Modulationssymbole zurückgewonnen. Aus diesen wird dann entweder die gesendete Information zurückgewonnen, wobei eine Entzerrung anhand der Pilotsymbole mit einem *Zero Forcing Equalizer* erfolgt [Eng02], oder es wird das entwickelte Prozessierungsverfahren zur Berechnung eines Radar-Bildes angewendet. Bei der Durchführung der Radar-Messung wird typischerweise ein Hamming-Fenster [Ham83] zur Reduktion der durch die Fourier-Tranformation verursachten Nebenmaxima angewendet. Dieses Fenster wurde gewählt, da es einen guten Kompromiss zwischen der Höhe der Nebenmaxima und dem aus dem Fenster resultierenden Auflösungs- und SNR-Verlust darstellt. Vor der Berechnung der Fourier-Transformationen wird ein *Zero Padding* vorgenommen [KK02], mit dessen Hilfe die Abtastwerte des Radarbildes um den Faktor 8 interpoliert werden. Damit wird sichergestellt, dass sowohl das Hauptmaximum nicht zwischen zwei Abtastwerte fällt (Lattenzauneffekt) als auch dass die entstehenden Radar-Bilder optisch gut interpretiert werden können.

3.3 Simulationen zur Verifikation des Prozessierungsverfahrens

In den folgenden Abschnitten werden Simulationsergebnisse betrachtet, die mit dem in Abschnitt 3.2 beschriebenen Simulationsmodell gewonnen wurden. Zunächst werden jedoch die Begriffe *mittlere Dynamik* und *Peak to Sidelobe Ratio* (*PSL*) definiert, die bei der Beurteilung der Leistungsfähigkeit eine zentrale Rolle spielen. Untersucht werden anschließend sowohl die prinzipielle Funktionsfähigkeit der Distanz- und Doppler-Prozessierung als auch deren Leistungsfähigkeit unter dem Einfluss von Rauschen und Doppler. Dabei wird eine praktische Anwendung im 24 GHz ISM-Band mit den in Abschnitt 3.1.3 festgelegten Systemparametern als Anwendungsszenario zu Grunde gelegt.

3.3.1 Kriterien zur Beurteilung der Leistungsfähigkeit

Bevor detaillierte Simulationsergebnisse betrachtet werden, müssen zunächst geeignete Kriterien definiert werden, die eine Beurteilung der Leistungsfähigkeit ermöglichen. Wenn eine Radar-Messung durchgeführt wird und nur ein einziges reflektierendes Objekt vorhanden ist, werden dennoch auch ohne den Einfluss von Rauschen ausschließlich auf Grund der Eigenschaften des Sendesignals und des Prozessierungsverfahrens in dem erzeugten Radar-Bild neben dem erwünschten Peak weitere unerwünschte Signalanteile auftauchen. Diese werden üblicherweise als Nebenmaxima bezeichnet und begrenzen den Dynamikbereich, der bei einer Radar-Messung erzielt werden kann. Wird das empfangene Signal in einer realen Messung zusätzlich durch Rauschen überlagert, dann wird das Radar-Bild einen gewissen Pegel an Hintergrundrauschen enthalten. Dabei muss davon ausgegangen werden, dass dieser Pegel nicht konstant ist, sondern dass an zufälligen Positionen Maxima auftreten. Auch diese Maxima begrenzen die Dynamik einer Radar-Messung. Die Qualität eines Radar-Bildes wird folglich durch zwei Parameter charakterisiert. Diese sind der maximal auftretende Wert der Nebenmaxima sowie der Pegel des Hintergrundrauschens. Das höchste Nebenmaximum kann dabei entweder durch das Signal selbst bzw. das Prozessierungsverfahren oder durch am Empfänger überlagertes Rauschen verursacht werden. In dieser Arbeit werden die beiden im Folgenden definierten Kritierien zur Beurteilung der berechneten Radar-Bilder verwendet.

- Peak-to-Sidelobe Ratio (PSL):
  Das Peak-to-Sidelobe Ratio (PSL) beschreibt das relative Verhältnis zwischen dem durch ein reflektierendes Objekt im Radarbild verursachten Hauptmaximum und dem höchsten auftretenden Nebenmaximum. Es ist dimensionslos und wird typischerweise in logarithmischem Maßstab in der Einheit dB angegeben. Das PSL ist ein direktes Maß für die in einem Szenario mit mehreren Objekten maximal bestehende Dynamik zwischen der schwächsten sicher detektierbaren Reflexion und der stärksten Reflexion (sofern bei der Detektion kein Wissen über die verwendete Fensterfunktion eingesetzt wird).

- Mittlere Dynamik ($\mathrm{SNR}_{\mathrm{image}}$):
  Die mittlere Dynamik beschreibt das relative Verhältnis zwischen dem durch das reflektierende Objekt im Radarbild verursachten Hauptmaximum und dem Mittelwert des Hintergrundrauschens. Auch diese Größe ist dimensionslos und wird typischerweise in dB angegeben. Bei der Bestimmung der mittleren Dynamik wird ausschließlich das thermische Hintergrundrauschen ohne die Nebenmaxima berücksichtigt. Die mittlere Dynamik ergibt sich aus dem Signal-zu-Rausch-Verhältnis im Empfänger (entsprechend Gleichung (2.37)) zuzüglich des Prozessierungsgewinns und entspricht der bereits in Abschnitt 2.5.2 eingeführten Größe $\mathrm{SNR}_{\mathrm{image}}$.

3.3.2 Simulationen zur Verifikation der prinzipiellen Funktionsfähigkeit

Die prinzipielle Funktionsfähigkeit des modulationssymbol-basierten Prozessierungsverfahrens wird zunächst für ein einfaches Szenario untersucht. Betrachtet wird im ersten Schritt ausschließlich die Messung der Distanz gemäß Abschnitt 2.3. Dabei wird die Leistungsfähigkeit des entwickelten Verfahrens mit dem Ergebnis eines klassischen korrelationsbasierten Prozessors verglichen. Untersucht wird ein einzelnes reflektierendes Objekt mit einem Radar-Rückstreuquerschnitt $\sigma = 1\,\mathrm{m}^2$ in der Distanz $R = 30\,\mathrm{m}$ ohne relative Bewegung. Für dieses Szenario wurde ein Radar-Bild sowohl mit dem neu entwickelten Verfahren auf Basis der Modulationssymbole als auch durch eine simple Berechnung der Kreuzkorrelationsfunktion der Sende- und Empfangssignale $x(t)$ und $y(t)$ berechnet. Bei der Modulationssymbol-basierten Prozessierung wurde ein Hamming-Fenster eingesetzt. Beide Resultate sind in Bild 3.2 gezeigt.

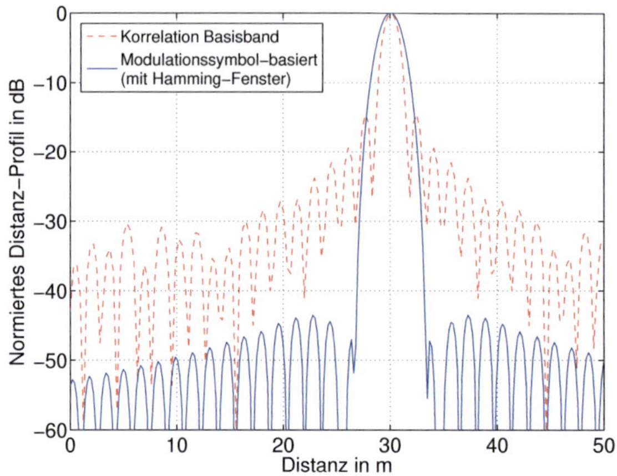

Bild 3.2: Messung der Distanz mit verschiedenen Verfahren für ein Objekt in 30 m Entfernung

Mit beiden Verfahren kann die Position des Objekts korrekt lokalisiert werden. Im Fall der korrelationsbasierten Prozessierung treten allerdings hohe Nebenmaxima auf. Das PSL beträgt hier lediglich 14,6 dB. Betrachtet man die Form der Nebenmaxima genauer, dann wird klar, dass diese durch zwei verschiedene Effekte verursacht werden. Zunächst treten in der Umgebung um das Hauptmaximum die typischen Nebenmaxima auf, die aus der Fourier-Transformation eines Rechteckfensters resultieren. Diese Nebenmaxima entstehen bereits inhärent bei der Erzeugung des Sendesignals durch die rechteckige Impulsformung im Sender (vgl. Abschnitt 2.1). Eine einfache Anwendung einer Fensterfunktion wie beim modulationssymbol-basierten Verfahren zur Reduktion dieser Nebenmaxima ist hier nicht möglich. Stattdessen müssten die Basisbandsignale vor der Korrelation geeignet gefiltert werden, um die Randbereiche des Signalspektrums zu dämpfen. Darüber hinaus treten z.B. im Bereich $0 \leq R \leq 10\,\mathrm{m}$ deutlich sichtbar weitere Nebenmaxima auf, die nicht die Form typischer aus Fourier-Transformationen resultierender Nebenmaxima aufweisen. Diese Nebenmaxima werden von zufälligen Korrelationen innerhalb der mit dem OFDM-Signal übertragenen Nutzdaten verursacht. Da diese Nebenmaxima inhärent durch das Sendesignal verursacht werden, existiert keine Möglichkeit, diese Nebenmaxima zu reduzieren, so lange die übertragene Nutzinformation nicht am Empfänger vor der Radar-Prozessierung aus dem empfangenen Signal extrahiert wird. Selbst wenn also die Fourier-Nebenmaxima durch ein geeignetes Filter reduziert würden, könnte folglich mit einem korrelationsbasierten Verfahren lediglich ein PSL in der Größenordnung von 30 dB erzielt werden. Auf der anderen Seite liefert das entwickelte modulationssymbol-basierte Prozessierungsverfahren bezüglich der Höhe der Nebenmaxima ein hervorragendes Simulationsergebnis. Die auftretenden Nebenmaxima resultieren ausschließlich aus dem Hamming-Fenster und gewährleisten ein PSL von 43,5 dB. Der Höhe der Nebenmaxima reduziert sich darüber hinaus deutlich mit zunehmender Distanz zu der Position des Objekts. Aufgrund der Anwendung des Hamming-Fensters wird die Breite des Hauptmaximums jedoch aufgeweitet und die Auflösung verschlechtert sich dadurch geringfügig. Zusammenfassend kann festgehalten werden, dass mit dem modulationssymbol-basierten Verfahren in der Tat die Position des Objekts bestimmt werden kann und die Erwartungen hinsichtlich niedriger Nebenmaxima vollständig erfüllt werden. Die Leistungsfähigkeit des korrelationsbasierten Verfahrens ist bezüglich des erzielbaren PSL prinzipiell durch die inhärenten Korrelationen des Sendesignals limitiert. Daher wird dieser Ansatz bei den folgenden Simulationen nicht weiter berücksichtigt.

Nachdem zunächst ausschließlich eine Messung der Distanz durchgeführt wurde, wird nun die Messung des Doppler-Effekts mit eingebunden und das vollständige Verfahren zur gemeinsamen Bestimmung von Distanz und relativer Geschwindigkeit aus Abschnitt 2.5 angewendet. Gleichzeitig ist auch die Trennfähigkeit mehrerer Objekte in unterschiedlicher Distanz mit identischer relativer Geschwindigkeit bzw. mehrerer Objekte in gleicher Distanz mit verschiedener relativer Geschwindigkeit von Interesse. Daher wird nun ein Szenario mit drei verschiedenen Objekten simuliert, wobei jeweils zwei Objekte eine indentische Distanz sowie zwei Objekte die selbe relative Geschwindigkeit aufweisen. Alle drei Objekte besitzen einen identischen Radar-Rückstreuquerschnitt von $\sigma = 1\,\mathrm{m}^2$. Die ersten beiden Objekte befinden sich in einer Distanz von $R_{1,2} = 30\,\mathrm{m}$ und das dritte bei $R_3 = 35\,\mathrm{m}$. Das erste Objekt bewegt sich mit einer relativen Geschwindigkeit von $v_{\mathrm{rel},1} = 10\,\mathrm{m/s}$, wogegen sich die anderen beiden Objekte mit $v_{\mathrm{rel},2,3} = 15\,\mathrm{m/s}$ bewegen. In dieser Arbeit wird in Bezug auf das Vorzeichen der relativen Geschwindigkeit stets als Konvention zu Grunde gelegt, dass positive Geschwindigkeiten einer Annäherung des reflektierenden Objekts entsprechen. Das aus der Anwen-

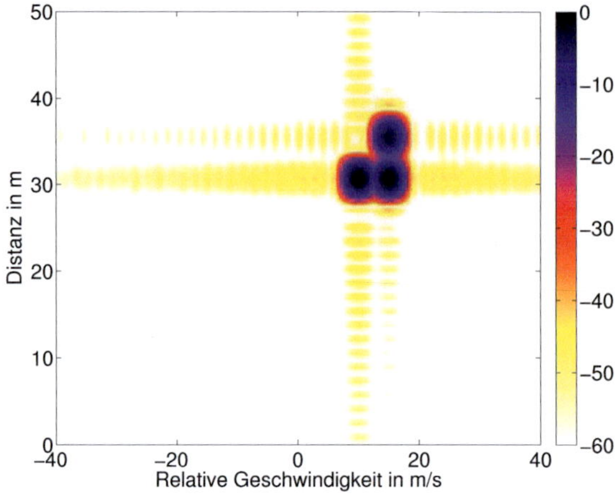

Bild 3.3: Zweidimensionales Radar-Bild für ein Szenario mit 3 Objekten, normierte Intensität in dB

dung des in Abschnitt 2.5 hergeleiteten Verfahrens resultierende zweidimensionale Radar-Bild ist in Bild 3.3 gezeigt. Die Auswertung erfolgte dabei über $N_{\mathrm{sym}} = 256$ OFDM-Symbole. Für alle im Rahmen der Radar-Prozessierung durchgeführten Fourier-Transformationen kam jeweils ein Hamming-Fenster zum Einsatz.

Wie erwartet werden alle drei Objekte eindeutig an der zugehörigen Position im zweidimensionalen Radar-Bild abgebildet. Die durch das Hamming-Fenster verursachten Nebenmaxima treten nun sowohl entlang Distanz- als auch der Geschwindigkeitsachse auf. Da mehrere Objekte vorhanden sind, kommt es zu konstruktiven und destruktiven Interferenzen zwischen den Nebenmaxima. Das relative Verhältnis zwischen einem der Hauptmaxima und dem höchsten Nebenmaximum beträgt 40,0 dB. Dieser Wert kann allerdings streng genommen nicht mehr als PSL interpretiert werden, da er durch eine konstruktive Superposition zweier Nebenmaxima zu Stande kommt. Außerhalb der von den Nebenmaxima betroffenen Bereiche sind in dem Radar-Bild jedoch keinerlei Signalanteile enthalten. Dies zeigt, dass unter idealen Bedingungen im Radar-Bild außer den Nebenmaxima tatsächlich keinerlei zusätzliche Artefakte auftauchen und somit durch die Wahl einer anderen Fensterfunktion noch deutlich höhere PSL-Werte erreicht werden könnten.

3.3.3 Leistungsfähigkeit unter dem Einfluss von Rauschen und OFDM-Interferenz

Für praktische Anwendungen von besonderer Bedeutung ist der Einfluss von einem dem Empfangssignal überlagerten Rauschsignal auf das Ergebnis der Radar-Prozessierung. Um die in Abschnitt 2.5.2 hergeleiteten theoretischen Zusammenhänge bezüglich der Leistungsfähigkeit des Verfahrens unter dem Einfluss von Rauschen zu verifizieren, wird das in Abschnitt 3.3.2 bereits betrachtete Szenario mit einem Objekt mit $R = 30\,\mathrm{m}$ und $v_{\mathrm{rel}} = 0\,\mathrm{m/s}$ unter dem zusätzlichen Einfluss von Rauschen am Empfänger ein weiteres Mal simuliert. Bei der Simulation wurde dem Basisband-Signal im Empfänger weißes Gaußsches Rauschen mit einer definierten Leistung überlagert, so dass sich ein Signal-zu-Rausch-Verhältnis (SNR) von $\mathrm{SNR}_{\mathrm{in}} = 0\,\mathrm{dB}$ (in linearem Maßstab $\mathrm{SNR}_{\mathrm{in}} = 1$) ergibt. Das Signal-zu-Rausch-Verhältnis des empfangenen Basisband-Signals am Eingang des Prozessierungsalgorithmus' wird immer mit $\mathrm{SNR}_{\mathrm{in}}$ bezeichnet (vgl. Gleichung (2.37)). Dies bedeutet, dass bei der hier durchgeführten Simulation die Leistung des Rauschens genau so hoch wie die Leistung des reflektierten OFDM-Signals ist. Das in diesem Fall resultierende zweidimensionale Radar-Bild ist in Bild 3.4 gezeigt.

Deutlich ist zu erkennen, dass sich der Hintergrund des Radar-Bildes nun gleichmäßig mit Rauschen füllt. Dabei ist die Intensität des Rauschens jedoch nicht konstant, sondern schwankt zufällig mit einer gewissen Varianz. Diese Varianz ist jedoch so gering, dass die maximal für das Hintergrundrauschen auftretende Intensität um viele Größenordnungen geringer ist als die Intensität an der Position des Objekts. Berücksichtigt man, dass am Eingang des Prozessierungsalgorithmus' das vom Objekt reflektierte Signal und das Rauschen die selbe Intensität aufweisen, dann wird klar, dass der Prozessierungsgewinn enorm groß ist. Die durch die Fourier-Transformation verursachten Nebenmaxima sind im Radar-Bild innerhalb des Hintergrundrauschens kaum noch wahrnehmbar. Durch eine Auswertung der Intensität des Hintergrundrauschens über das gesamte Radar-Bild erhält man für die mittlere Dynamik $\mathrm{SNR}_{\mathrm{image}} = 51{,}5\,\mathrm{dB}$ sowie für das Peak-to-Sidelobe Ratio $\mathrm{PSL} = 40{,}8\,\mathrm{dB}$. Bei der Bestimmung dieser Werte wurden auch Bereiche für höhere Distanzen und relative Geschwindigkeiten berücksichtigt, die außerhalb des in Bild 3.4 dargestellten Bereichs liegen. Das Hauptmaximum sowie

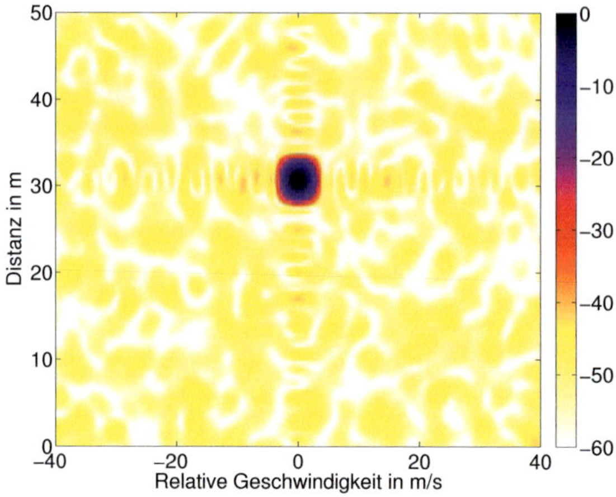

Bild 3.4: Zweidimensionales Radar-Bild (1 Objekt) unter dem Einfluss von Rauschen mit $\mathrm{SNR}_{\mathrm{in}} = 0\,\mathrm{dB}$, normierte Intensität in dB

die Fourier-Nebenmaxima wurden dabei jedoch ausgeblendet. Da das SNR am Eingang 0 dB beträgt, sollte das SNR des Radar-Bildes bzw. die mittlere Dynamik genau dem Prozessierungsgewinn von $G_{\mathrm{p}} = 54{,}2\,\mathrm{dB}$ aus Tabelle 3.2 entsprechen. Tatsächlich besteht zwischen dem Ergebnis der Simulation und dem theoretisch erwarteten Wert jedoch eine Differenz von 2,7 dB. Diese Differenz wird durch die Verwendung des Hamming-Fensters verursacht, welches zusätzlich zur Verbreiterung des Hauptmaximums in Bezug auf ein Rechteckfenster einen linearen Gewinn von 0,54 aufweist [Har78]. Dies entspricht einer Reduktion des Prozessierungsgewinns um 2,67 dB. Diese theoretisch erwartete Reduktion stimmt exakt mit der in der Simulation beobachteten Differenz überein. Die Simulation liefert somit exakt die erwartete mittlere Dynamik und bestätigt damit die Annahmen bezüglich des Prozessierungsgewinns in Abschnitt 2.5.2.

Für die Detektion von Objekten aus dem Radar-Bild ist von besonderer Bedeutung, wie weit der Spitzenwert des Hintergrundrauschen den Mittelwert des Hintergrundrauschens überragt, da nur Objekte die oberhalb dieses Spitzenwertes abgebildet werden mit Sicherheit als solche detektiert werden können. Der Vergleich von mittlerer Dynamik und PSL in Bild 3.4 zeigt, dass dort der maximale Peak des Hintergrundrauschens den Mittelwert des Hintergrundrauschens um 10,7 dB übersteigt. Die Spitzenwerte des Hintergrundrauschens im Radar-Bild sind somit in der Simulation klar begrenzt. Bei einer Wiederholung der Simulation mit neu generiertem Rauschen weicht die Differenz zwischen mittlerer Dynamik und PSL typischerweise lediglich in der Größenordnung von 0,1 oder 0,2 dB ab. Diese geringe Variation erklärt sich durch die hohe Anzahl an Abtastwerten ($1024 \cdot 256$), aus denen das Radar-Bild besteht. Theoretisch ist die Abweichung nach oben jedoch nicht begrenzt, auch wenn hohe Abweichungen nur mit extrem geringer Wahrscheinlichkeit auftreten. Aus der Simulation kann daher zunächst empirisch die Erkenntnis festgehalten werden, dass der Spitzenwert des Hintergrundrauschens den Mittelwert des Hintergrundrauschens typischerweise um maximal 11 dB übersteigt. Diese Einschätzung deckt sich mit den Angaben in [Sko08]. Dort lässt sich einer Kurvenschar entnehmen, dass im Fall einer einzelnen Messung zum Erreichen einer Detektionswahrscheinlichkeit von 99% bei einer gleichzeitigen Falschalarmrate von 1% der durch das Objekt verursachte Peak tatsächlich um mindestens ca. 11 dB oberhalb des mittleren Hintergrundrauschens liegen muss. Da in einer realen Anwendung bei der Objektdetektion nicht nur eine Einzelmessung sondern mehrere Messungen ausgewertet werden, liegt die tatsächlich erreichbare Detektionswahrscheinlichkeit unter diesen Voraussetzungen bei nahezu 100%.

Die betrachtete Simulation berücksichtigt allerdings nur ein festes Signal-zu-Rausch-Verhältnis. Um eine Verfikation der Leistungsfähigkeit für einen großen Bereich möglicher SNR-Werte zu erhalten, wurden weitere Simulationen nach dem selben Prinzip aber mit variablem Eingangs-SNR und einer unterschiedlichen Anzahl ausgewerteter OFDM-Symbole durchgeführt. Wie im zuvor gezeigten Beispiel wurde für jede Parameter-Kombination ein Radar-Bild simuliert und aus diesem das PSL sowie die mittlere Dynamik entnommen. Um den Verlust durch das Hamming-Fenster zu vermeiden, wurden diese Simulationen mit einem Rechteckfenster durchgeführt. Die aus dem Rechteckfenster resultierenden Nebenmaxima wurden bei der Bestimmung von PSL und mittlerer Dynamik jedoch ausgeblendet. Die erzielten Ergebnisse für PSL und mittlere Dynamik in Abhängigkeit des Eingangs-SNR für verschiedene Werte von N_{sym} sind in Bild 3.5 gezeigt.

In der gewählten doppelt logarithmischen Darstellung steigen das erzielbare PSL sowie die mittlere Dynamik linear mit dem Signal-zu-Rauschverhältnis am Eingang des Empfängers an. Für ein Eingangs-SNR von $\mathrm{SNR}_{\mathrm{in}} = 0\,\mathrm{dB}$ ergibt sich mit $N_{\mathrm{sym}} = 256$ eine mittlere Dynamik von $\mathrm{SNR}_{\mathrm{image}} = 54{,}2\,\mathrm{dB}$.

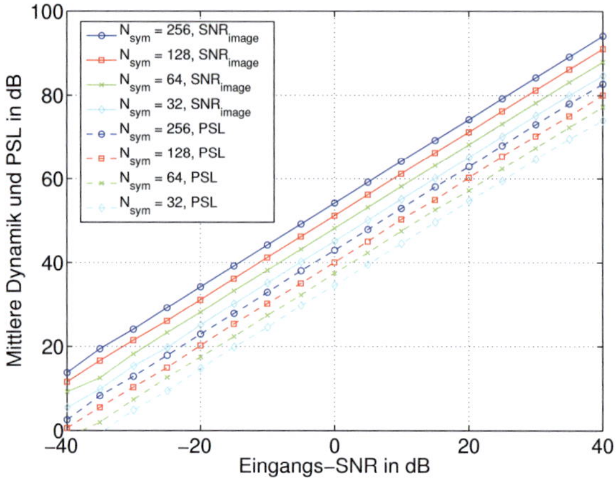

Bild 3.5: PSL und mittlere Dynamik in Abhängigkeit des Eingangs-SNR für verschiedene Werte von N_{sym}

Folglich wird ohne den Einsatz des Hamming-Fensters nun exakt der theoretisch erwartete Prozessierungsgewinn von $G_{\mathrm{p}} = 54{,}2\,\mathrm{dB}$ erzielt. Mit steigendem Eingangs-SNR steigen die mittlere Dynamik sowie das PSL kontinuierlich an. Dabei tritt keinerlei Sättigung auf und der Prozessierungsgewinn steht unabhängig vom Eingangs-SNR in voller Höhe zur Verfügung. Unter der Voraussetzung eines ausreichend hohen Signal-zu-Rausch-Verhältnisses am Empfänger kann mit dem entwickelten modulationssymbol-basierten Prozessierungsverfahren folglich eine beliebig hohe Messdynamik erreicht werden. Mit einer Verdopplung der Anzahl der ausgewerteten OFDM-Symbole N_{sym} steigen PSL und mittlere Dynamik wie theoretisch zu erwarten um jeweils 3 dB an. Wichtig ist darüber hinaus insbesondere die Erkenntnis, dass für jede beliebige Parameterkonstellation von N_{sym} und SNR die Differenz zwischen PSL und mittlerer Dynamik immer ungefähr 11 dB beträgt.

In einer praktischen Anwendung muss davon ausgegangen werden, dass mehrere RadCom-Systeme gleichzeitig im selben Frequenzbereich zum Einsatz kommen und somit Interferenz durch ein weiteres OFDM-Signal auftritt. Um den Einfluss derartiger Interferenz auf das Radar-Bild zu untersuchen, wurden weitere Simulationen durchgeführt, in denen anstatt weißen Rauschens

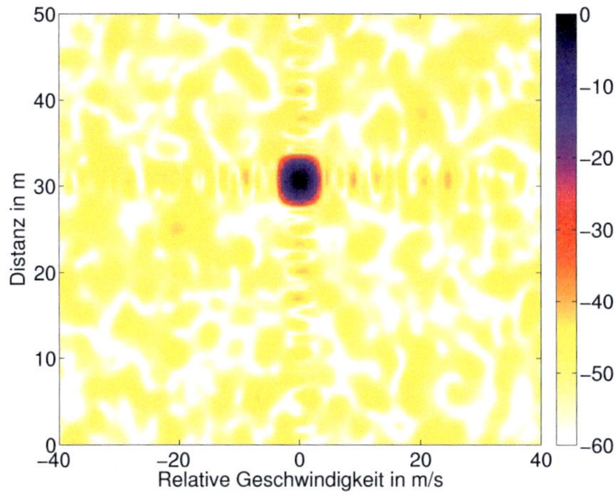

Bild 3.6: Zweidimensionales Radar-Bild (1 Objekt) unter dem Einfluss von Interferenz mit $\mathrm{SIR} = 0\,\mathrm{dB}$, normierte Intensität in dB

am Empfänger nun dem Nutzsignal ein weiteres OFDM-Signal überlagert wurde. Dieses interferierende OFDM-Signal wurde mit derselben MatLab-Komponente wie das Nutzsignal erzeugt, allerdings wurde zur Modulation eine andere zufällig generierte binäre Datensequenz eingesetzt. Ein beispielhaftes Radar-Bild wiederum für ein Objekt in einer Distanz von 30 m, das unter dem Einfluss von OFDM-Interferenz mit einem Signal-zu-Interferenz-Verhältnis (*SIR, Signal to Interference Ratio*) von 0 dB simuliert wurde, ist in Bild 3.6 gezeigt.

Offensichtlich unterscheidet sich dieses Bild nicht von dem unter dem Einfluss von Rauschen mit einem SNR von 0 dB resultierenden Radar-Bild in Bild 3.4, abgesehen von der Tatsache, dass die zufällige Struktur des Hintergrundrauschens ein verändertes Muster aufweist. Die mittlere Dynamik unter dem Einfluss der OFDM-Interferenz ist mit 51,5 dB identisch zu Bild 3.4. Der Abstand zwischen dem Spitzenwert und dem Mittelwert des Hintergrundrauschens beträgt im Fall der OFDM-Interferenz 10,5 dB und ist somit ebenfalls praktisch identisch. Variiert man die Anzahl ausgewerteter OFDM-Symbole N_{sym} und das Signal-zu-Interferenz-Verhältnis, so ergibt sich auch im Fall der OFDM-Interferenz derselbe Verlauf der Kurven wie in Bild 3.5 in

Bezug auf Rauschen. Somit kann gefolgert werden, dass Interferenz durch ein zweites unkorreliertes OFDM-Signal exakt denselben Einfluss auf das Radar-Bild hat wie additives weißes Rauschen. Dieser Zusammenhang wird auch anschaulich offensichtlich, wenn man berücksichtigt, dass das OFDM-Signal eine konstante Einhüllende im Frequenzbereich aufweist. Im Fall der Modulation mit einer zufällig generierten binären Datensequenz besitzt das OFDM-Signal folglich eine sehr starke Ähnlichkeit mit weißem Rauschen. Dieser Sachverhalt garantiert, dass ein OFDM-basiertes RadCom-System eine inhärente Unterdrückung von Interferenz erlaubt. Die Unterdrückung der Interferenz erfolgt dabei mit dem Prozessierungsgewinn G_p, sofern die im interferierenden Signal enthaltene Information nicht mit dem eigenen Sendesignal korreliert ist.

Zusammenfassend können aus den Ergebnissen der Simulationen die folgenden Punkte festgehalten werden:

- Die Simulationen bestätigen den in Abschnitt 2.5.2 hergeleiteten Prozessierungsgewinn exakt.

- Am Empfänger überlagertes Rauschen erfährt wie erwartet keinen Prozessierungsgewinn und geht in ein gleichmäßiges Hintergrundrauschen im Radar-Bild über.

- Die Intensität des Hintergrundrauschens weist eine gewisse Varianz auf, wobei die Spitzenwerte des Hintergrundrauschens dessen Mittelwert im Fall der hier gewählten Systemparameter um maximal 11 dB übersteigen. Diese Differenz ist unabhängig von äußeren Einflüssen wie der Anzahl ausgewerteter OFDM-Symbole oder dem Eingangs-SNR.

- Somit können alle reflektierenden Objekte, die mindestens 11 dB über dem mittleren Pegel des Hintergrundrauschens abgebildet werden, mit Sicherheit detektiert werden.

- Die empfangenen Signale werden gegenüber dem Rauschen durch den Prozessierungsgewinn verstärkt. Daher muss das Eingangs-SNR lediglich den Wert $\mathrm{SNR}_\mathrm{in} = -G_\mathrm{p} + 11\,\mathrm{dB}$ aufweisen, um eine sichere Detektion zu garantieren.

- Mit dem typischen Wert $N_{\mathrm{sym}} = 256$ ergibt sich ein minimal erforderliches Eingangs-SNR von $\mathrm{SNR_{in}} \approx$ -43 dB. Das Verfahren kann folglich sehr schwache Reflexionen detektieren, deren Leistungen um Größenordnungen unterhalb der thermischen Rauschleistung liegen.
- Darüber hinaus ist der Prozessierungsgewinn G_{p} auch in Bezug auf die Unterdrückung von OFDM-Interferenz wirksam. Diese Tatsache ermöglicht einen parallelen Betrieb mehrerer OFDM-basierter RadCom-Systeme im selben Frequenzband mit derselben Leistungsfähigkeit, wie sie mit einer codebasierten Nutzertrennung erzielt würde.

3.3.4 Leistungsfähigkeit unter dem Einfluss einer Doppler-Verschiebung

In Abschnitt 2.4 wurde bereits diskutiert, dass im Fall einer Doppler-Verschiebung des empfangenen Signals die Nullstellen der $\sin(f)/f$-Spektren der benachbarten Unterträger nicht mehr exakt auf die Abtastfrequenzen f_n fallen und dadurch Inter-Carrier-Interference entsteht. Dies kann auch so interpretiert werden, dass die durch den Doppler-Effekt veränderten Frequenzen der empfangenen Unterträger kein ganzzahliges Vielfaches der Frequenzauflösung der FFT im Empfänger mehr betragen, wodurch ein Leckeffekt auftritt und Energie in die benachbarten Unterträger fließt und dort als Rauschen wahrgenommen wird. Durch diesen Energieverlust reduziert sich gleichzeitig auch die Höhe des Peaks im Radar-Bild. Auf Grund der $\sin(f)/f$-Form der Spektren der Unterträger ist diese Reduktion jedoch für moderate Frequenzverschiebungen vernachlässigbar klein. Bei der Parametrisierung des Unterträgerabstandes wurde zunächst vorausgesetzt, dass dieselbe Faustregel wie bei der OFDM-Kommunikation angewendet werden kann und der Einfluss der Doppler-Verschiebung auch in Bezug auf die Radar-Anwendung vernachlässigbar gering ist, sofern die maximale Doppler-Verschiebung $f_{\mathrm{D,max}}$ kleiner als 10% des Unterträgerabstandes Δf bleibt. Diese Vorgabe wurde bei der Wahl der Systemparameter in Abschnitt 3.1.3 berücksichtigt.
Inwieweit diese Annahme gerechtfertigt war, wird an dieser Stelle nun mit Hilfe weiterer Simulationen untersucht. Dazu wird weiterhin wie in Abschnitt 3.3.3 ein einzelnes Objekt in einer Distanz von $R = 30\,\mathrm{m}$ untersucht. Nun wird allerdings am Empfänger kein Rauschen überlagert sondern stattdessen die relative Geschwindigkeit des reflektierenden Objekts variiert. Für jede Simulation werden aus dem unter dem Einsatz eines Rechteckfensters gewonnenen Radar-Bild die mittlere Dynamik und das PSL unter Ausschluss

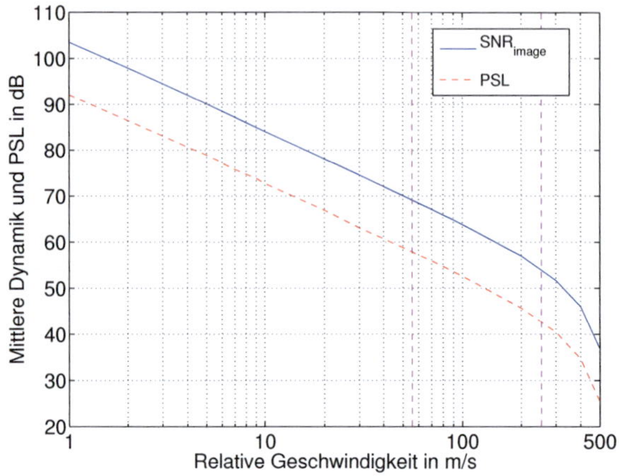

Bild 3.7: PSL und mittlere Dynamik in Abhängigkeit der relativen Geschwindigkeit für $N_{\mathrm{sym}} = 256$ (linke gestrichelte Line zeigt als maximal angenommene relative Geschwindigkeit $v_{\mathrm{rel,max}}$, rechte gestrichelte Linie zeigt größte eindeutig messbare Geschwindigkeit $v_{\mathrm{rel,u}}$)

der Nebenmaxima ermittelt. Es zeigt sich, dass auch ohne die Überlagerung von Rauschen im Simulationsmodell selbst im Fall einer relativen Geschwindigkeit von $v_{\mathrm{rel}} = 0$ auf Grund numerischer Ungenauigkeiten ein gewisses Niveau an Hintergrundrauschen im Radar-Bild verbleibt. Für $N_{\mathrm{sym}} = 256$ beträgt die in der Simulation in diesem Fall maximal erzielbare mittlere Dynamik $\mathrm{SNR}_{\mathrm{image}} = 112{,}3\,\mathrm{dB}$. Wird eine Bewegung des reflektierenden Objekts gegenüber dem RadCom-System vorgegeben, dann erhöht sich der Pegel dieses Hintergrundrauschen mit zunehmender relativer Geschwindigkeit. Die in den Simulationen in Abhängigkeit der relativen Geschwindigkeit ermittelten Werte für die mittlere Dynamik und das Peak-to-Sidelobe Ratio sind für den Fall $N_{\mathrm{sym}} = 256$ in Bild 3.7 dargestellt. Die Achse der relativen Geschwindigkeit ist dabei logarithmisch im Bereich $v_{\mathrm{rel}} = 1 \ldots 500\,\mathrm{m/s}$ skaliert.

In der gewählten Darstellung wird deutlich, dass die erzielbare mittlere Dynamik in dB zunächst linear über dem Logarithmus der Distanz abnimmt. Bei der als maximal angenommenen relativen Geschwindigkeit von 55,6 m/s (linke gestrichelte Linie) wird immer noch eine mittlere Dynamik von 69,1 dB erreicht. Dies bedeutet, dass der Einfluss der Interferenz aus den benachbarten Trägern auf das Radar-Bild bei dieser Geschwindigkeit tatsächlich gering aber dennoch deutlich erkennbar ist. Der relativ niedrige Einfluss erklärt sich auch durch die Tatsache, dass der bei der Prozessierung erzielte Gewinn G_{p} auch gegenüber der Interferenz aus den benachbarten Trägern wirksam ist. Zieht man die in Bild 3.5 dargestellten Werte in Bezug auf den Einfluss überlagerten Rauschens als Vergleich heran, dann zeigt sich, dass zum Erreichen einer mittleren Dynamik in der Größenordnung von 70 dB ein Signal-zu-Rausch-Verhältnis $\mathrm{SNR}_{\mathrm{in}}$ von mindestens 15 dB erforderlich ist. Umgekehrt bedeutet dies, dass sofern nicht mindestens ein Wert von 15 dB für das SNR am Eingang erreicht wird, die mittlere Dynamik ohnehin durch das SNR begrenzt ist. Der Einfluss der Doppler-Verschiebung ist mit der getroffenen Parameterwahl somit für niedrige und mittlere SNR-Werte vollständig vernachlässigbar. Ob SNR-Werte oberhalb von 15 dB in einer praktischen Anwendung überhaupt erreicht werden, wird im folgenden Abschitt 3.3.5 genauer betrachtet. Der Abstand zwischen mittlerer Dynamik und PSL wird durch die relative Geschwindigkeit des Objekts nicht beeinflusst und beträgt wie in den vorherigen Simulationen ungefähr 11 dB.

Interessant ist auch der weitere Verlauf der mittleren Dynamik für noch höhere relative Geschwindigkeiten. In der gewählten logarithmischen Darstellung setzt sich der lineare Verlauf zunächst fort. Dies bedeutet, dass auch bei einer begrenzen Unterschreitung der Bedingung $\Delta f > 10 f_{\mathrm{D,max}}$ die Leistungsfähigkeit nicht abrupt abfällt. Somit kann die angenommene maximale Geschwindigkeit von $v_{\mathrm{rel,max}} = 55{,}6\,\mathrm{m/s}$ in der Praxis in einem gewissen Rahmen überschritten werden, ohne dass dadurch die erzielbare mittlere Dynamik deutlich eingeschränkt wird. Eine Abweichung vom linearen Verlauf der mittleren Dynamik in Richtung eines weit stärkeren Abfalls tritt erst auf, sobald das Ende des Eindeutigkeitsbereichs bei einer relativen Geschwindigkeit von $v_{\mathrm{rel,u}} = 252{,}5\,\mathrm{m/s}$ erreicht wird (rechte gestrichelte Linie). Ab dieser relativen Geschwindigkeit ist die Verschiebung der Unterträger des reflektierten Signals im Empfänger größer als der halbe Unterträgerabstand, so dass bei der komplexen Division nach Gleichung (2.30) die Symbole verschiedener Unterträger verglichen werden und dadurch als Ergebnis nur noch Rauschen entstehen sollte. Tatsächlich ist jedoch der Prozessierungsgewinn so hoch, dass das reflektierende Objekt sogar noch aus den Nebenmaxima der $\sin(x)/x$-Spektren der einzelnen Unterträger detektiert wird. Dies funktioniert selbst bei Geschwindigkeiten, die weit oberhalb von $v_{\mathrm{rel,u}}$ liegen, so lange der Prozessierungsgewinn abzüglich der Dämpfung des jeweils ausgewerteten Nebenmaximums größer als die Interferenz aus dem jeweils gegenüberliegenden Unterträger ist. Dennoch bleibt der gesamte Eindeutigkeitsbereich der Messung auf Grund der Abtastung des Spektrums auf $2v_{\mathrm{rel,u}}$ begrenzt. Die Aussage aus Abschnitt 2.4, dass eine periodisch fortgesetzte Abbildung von Objekten, die sich schneller als $v_{\mathrm{rel,u}}$ bewegen, nicht auftritt, muss somit revidiert werden. Tatsächlich ist die Intensität derartiger Objekte im Radar-Bild zwar gedämpft, es können aber dennoch Geisterziele bei falschen Geschwindigkeiten auftreten, sobald sich Objekte schneller als $v_{\mathrm{rel,u}}$ bewegen. In einer praktischen Anwendung ist dieser Fall jedoch mit den hier gewählten Parametern in Anbetracht der für $v_{\mathrm{rel,u}}$ resultierenden Höhe ausgeschlossen.

3.3.5 Anforderungen an eine praktische Anwendung und real erzielbare Leistungsfähigkeit

Bei den bisherigen Untersuchungen wurde das SNR am Eingang des Empfängers als abstrakte Größe vorgegeben. Zur Bewertung der Leistungsfähigkeit einer praktischen Anwendung ist insbesondere von Bedeutung, welche SNR-Werte bei einer realen Messung erzielt werden und innerhalb welcher Größenordnung im Fall der Präsenz mehrerer Objekte die individuell reflektierten Leistungsanteile voneinander abweichen. Damit ein einzelnes Objekt sicher detektiert werden kann, muss lediglich das PSL größer als 0 dB sein, dann hebt sich das Objekt eindeutig vom Hintergrundrauschen ab. Sind aber mehrere reflektierende Objekte vorhanden, dann verursacht das am stärksten reflektierende Objekt ein Hintergrundrauschen im Radar-Bild, dessen Spitzenwerte dem PSL in Bezug auf das durch dieses Objekt gegebene $\mathrm{SNR}_{\mathrm{in}}$ entsprechen. Dieses PSL limitiert folglich den bei der Messung nutzbaren Dynamikbereich und gibt somit die Leistungsgrenze vor, bis zu der schwächer reflektierende Objekte gerade noch detektiert werden können.
Das Eingangs-SNR am Empfänger $\mathrm{SNR}_{\mathrm{in}}$ wird in einer praktischen Anwendung sowohl durch die verfügbare Sendeleistung also auch durch die Ausbreitungsdämpfung begrenzt. Als Trägerfrequenzen kommen bei Radar-Sensoren im Automobilbereich entweder 24 GHz oder 76 GHz zum Einsatz [RB07]. Durch die Verwendung von Antennen mit Richtwirkung wird ein Gewinn erzielt. Gleichzeitig wird dadurch jedoch der überblickbare Winkelbereich eingeschränkt. Da sich alle Fahrzeuge und potenzielle Hindernisse in der Azimut-Ebene befinden, kann in der Elevation eine starke Fokussierung auf die Azimut-Ebene vorgenommen werden. Der Winkelbereich, der im Azimut überwacht werden muss, hängt dagegen von der konkreten Anwendung

ab, für die der Radar-Sensor ausgelegt ist. Eine umfangreiche Kategorisierung verschiedener Radar-Anwendungen im Automobilbereich findet sich in [Men99]. Aus dieser Kategorisierung wird deutlich, dass verschiedenartige Funktionen, wie z.B. adaptiver Tempomat und Spurwechselassistent, nicht durch einen gemeinsamen Sensor realisiert werden können sondern die Integration verschiedener Sensoren im Kraftfahrzeug erfordern. In [Men99] wird zunächst eine Unterteilung in *Nahbereichs-Radar-Sensoren* und *Fernbereichs-Radar-Sensoren* vorgenommen. Mögliche Anwendungen und die dafür erforderlichen Leistungsdaten werden im Folgenden kurz zusammengefasst wiedergegeben.

Klassische Anwendungsbereiche für Nahbereichs-Radar-Sensoren sind Einparkhilfen, die Überwachung von toten Winkeln, Unterstützungsmaßnahmen für Geschwindigkeitsregelanlagen, sowie *Pre-Crash-Detection*-Systeme, die Funktionen zum Schutz der Insassen, wie z.B. Airbags, bereits kurze Zeit vor einer Kollision aktivieren. Für die Einparkhilfe muss die Distanz in einem Bereich von bis zu 5 m mit sehr hoher Genauigkeit in der Größenordnung von wenigen Zentimetern gemessen werden können. Für die Überwachung des toten Winkels, die Unterstützung der Geschwindigkeitsregelung und die Pre-Crash-Detection sollten idealerweise Messungen bis zu einer Distanz von 20 m mit einer Auflösung in der Größenordnung von 1 m sowie eine Messung der relativen Geschwindigkeit mit einer Auflösung in der Größenordnung von 5 km/h durchgeführt werden können. Allen Anwendungen von Nahbereichsradarsensoren ist gemein, dass diese das Umfeld des Fahrzeugs vollständig erfassen sollten. Der Erfassungsbereich eines einzelnen Sensors im Azimut sollte folglich idealerweise 180° betragen bzw. es müssen mehrere Sensoren kombiniert werden.

Fernbereichs-Radar-Sensoren kommen für adaptive Geschwindigkeitsregelungen, Assistenzsysteme für Notbremsungen sowie zukünftig möglicherweise für autonomes Fahren zum Einsatz. Für diese Anwendungen muss der Sensor über eine weitaus größere Distanz voraus schauen können. Erforderlich ist eine Distanzmessung typischerweise bis zu einer maximalen Distanz von 200 m mit einer Auflösung in der Größenordnung von 1 m sowie ebenfalls eine Messung der relativen Geschwindigkeit. Der zu überwachende Winkelbereich ist bei diesen Anwendungen dagegen eingeschränkt. Beobachtet werden müssen die eigene Fahrspur und die beiden benachbarten Fahrspuren. Der Winkelbereich ist daher zunächst von der Distanz abhängig und reduziert sich für größere Distanzen. Allerdings muss davon ausgegangen werden, dass der Straßenverlauf Kurven beinhaltet, wodurch für größere Distanzen eine höhere Abweichung des Winkels auf Grund von Kurven eintreten kann. Reale Fernbereichs-Radar-Sensoren besitzen einen Erfassungsbereich im Azimut in der Größenordnung von 18° [BKG07].

Die Vielzahl möglicher Radar-Anwendungen im Automobilbereich macht es schwierig, für die Radar-Funktion einer RadCom-Anwendung einen universell gültigen Anforderungskatalog festzulegen. Hierzu müsste zunächst eine Entscheidung getroffen werden, mit welcher Radar-Anwendung die Kommunikationsfunktion idealerweise kombiniert werden sollte. Für die mögliche Kombination mit einem Kurzstrecken-Radar-Sensor spricht, dass dieser einen weiten Winkelbereich abdeckt und somit auch alle bzw. sehr viele potenzielle Kommunikationspartner erreicht. Nachteilig erweist sich in diesem Fall jedoch die für eine hohe Distanzauflösung erforderliche sehr hohe Signalbandbreite, die insbesondere bei der Analog-zu-Digital-Wandlung und der Prozessierung einen hohen Aufwand erfordert. Demgegenüber stellt die für einen Fernbereichs-Radar-Sensor erforderliche Signalbandbreite keine große Hürde bei der Realisierung dar. Stattdessen ergibt sich in diesem Fall jedoch der Nachteil, dass der Sensor auf einen relativ kleinen Winkelbereich ausgelegt ist und dadurch alle Fahrzeuge außerhalb dieses Winkelbereichs als potenzielle Kommunikationspartner ausscheiden. Folglich gibt es keine Radar-Anwendung, die sich ideal für eine Kombination mit Kommunikationsfunktionen eignet. Daher wird im Folgenden nun eine Radar-Anwendung als Referenz betrachtet, die im Bereich zwischen einem Nahbereichs-Radar und einem Fernbereichs-Radar angesiedelt ist und mit einer moderaten Bandbreite sowie einem relativ großen ausgeleuchteten Winkelbereich realisiert werden kann. Ein derartiges RadCom-System könnte in der Praxis entweder alleine ohne zusätzliche weitere Sensoren eingesetzt werden, um einem Fahrzeug zur Verbesserung der Sicherheit grundlegende Radar-Funktionen zur Verfügung zu stellen. Alternativ könnte ein derartiges RadCom-System in Kombination mit weiteren Radar-Sensoren zum Einsatz kommen, wobei diese dann speziell auf sehr kurze bzw. weite Distanzen optimiert werden könnten und somit eine besonders hohe Systemleistung für die Sensorik erzielt werden könnte.

Bei der Parameterwahl wurde bereits eine Festlegung für 24 GHz als Trägerfrequenz getroffen. Die in einer realen Anwendung zulässige Sendeleistung wird durch staatliche Regulierungen begrenzt. Radar-Sensoren bei 24 GHz mit höherer Reichweite und moderater Bandbreite werden typischerweise als ISM-Anwendung [Bun03] betrieben, deren spezifische Regulierung in Deutschland durch die *Allgemeinzuteilung von Frequenzen für nichtöffentliche Funkanwendungen geringer Reichweite* gegeben ist [Bun09]. Diese er-

laubt die freie Nutzung des Frequenzbereichs 24,0 - 24,25 GHz, wobei die gesamte in diesem Frequenzband effektiv isotrop abgestrahlte Leistung (EIRP) maximal 100 mW (20 dBm) betragen darf. Dies bedeutet, die maximal zulässige Sendeleistung von 20 dBm muss im Fall eines vorhandenen Sendeantennengewinns um den entsprechenden Betrag des Gewinns reduziert werden. Bezüglich der Signalform und der relativen Frequenzbelegungsdauer (Duty Cycle) werden keinerlei Einschränkungen vorgegeben.
Das am Empfänger verfügbare Signal-zu-Rausch-Verhältnis $\mathrm{SNR}_{\mathrm{in}}$ berechnet sich nach Gleichung (2.37). Um detaillierte Werte für die Leistungsfähigkeit in der Praxis abschätzen zu können, müssen schließlich noch realistische Werte für den Gewinn der Empfangsantenne G_{Rx}, die Rauschzahl F sowie den zu erwartenden Radar-Rückstreuquerschnitt σ gefunden werden. Der Gewinn der Empfangsantenne wird maßgeblich durch die Halbwertsbreite der Richtcharakteristik bestimmt. Für die angestrebte Anwendung zwischen Nahbereich und Fernbereich wird eine Halbwertsbreite von $\psi_{3\mathrm{dB}} = 90°$ im Azimut als sinnvoll angenommen. Eine höhere Halbwertsbreite ist mit realen direktiven Antennen ohnehin schwierig zu erzielen. In der Elevation sollte die Antenne stark direktiv ausgelegt werden, da sich alle Objekte von Interesse in der Azimut-Ebene befinden. Für die Elevation wird daher eine Halbwertsbreite von $\theta_{3\mathrm{dB}} = 10°$ angenommen, die z.B. mit einem Patch-Antennen-Array problemlos realisiert werden kann. Der Gewinn kann aus den Halbwertsbreiten mit Hilfe folgender Formel abgeschätzt werden [Bal05]

$$G = \frac{32400}{\theta_{3\mathrm{dB}}\psi_{3\mathrm{dB}}}. \tag{3.2}$$

Die Halbwertsbreiten $\theta_{3\mathrm{dB}}$ und $\psi_{3\mathrm{dB}}$ in Grad gehen dabei dimensionslos in die Formel ein. Unter den getroffenen Annahmen erhält man damit einen Antennengewinn beim Empfang von $G_{\mathrm{Rx}} = 15{,}6\,\mathrm{dBi}$. Für die Rauschzahl wird ein typischer Wert von $F = 5\,\mathrm{dB}$ angenommen, wie ihn aktuelle Empfänger bei 24 GHz aufweisen [IMT+10]. Der Radar-Rückstreuquerschnitt ist von der Art des reflektierenden Objekts sowie dem Betrachtungswinkel abhängig. In der Literatur existieren nur wenige detaillierte Untersuchungen zu typischen RCS-Werten von Kraftfahrzeugen bei 24 GHz. Die in [SFGT+11] beschriebenen Messungen zeigen ein minimales RCS von ca. -10 dBm^2 für ein von der Rückseite betrachtetes Fahrrad. Verändert man den Betrachtungswinkel, dann steigt das RCS des Fahrrads kontinuierlich bis zu einem Wert von knapp 10 dBm^2 für den Fall der Betrachtung von der Seite. In [SFGT+11] wurden darüber hinaus vier verschiedene Kraftfahrzeuge charakterisiert (VW Golf V,

VW New Beetle, Audi A4 Kombi, Fiat Ducato). Alle vier Fahrzeuge liefern ähnliche Ergebnisse mit einem RCS zwischen 10 und 15 dBm^2 für die Betrachtung der Rückseite. Bei den Kraftfahrzeugen ergibt sich ein deutlich reduziertes RCS von minimal ca. 3 dBm^2 für diejenigen Fälle, in denen man direkt auf die Kanten blickt. Das Maximum von knapp 20 dBm^2 (bzw. 25 dBm^2 für den Fiat Ducato) tritt für die Betrachtung von der Seite auf. Dieser Fall ist allerdings für eine Anwendung im normalen Straßenverkehr irrelevant, da der Sensor in diesem Fall immer die Rückseite (bzw. die Vorderseite) des Fahrzeugs mit einem mehr oder weniger großen seitlichen Versatz sieht. In [TDMO04] wird als grobe Abschätzung angenommen, dass sich das RCS bei einer Radar-Messung in einem Straßenverkehrsszenario über insgesamt drei Dekaden erstreckt, ausgehend von $\sigma_{\mathrm{min}} = -10\,\mathrm{dBm}^2$ für schwach reflektierende Objekte wie z. B. Fahrräder und Motorräder, über typische Objekte wie Autos mit $\sigma = 10\,\mathrm{dBm}^2$ bis zu stark reflektierenden Objekten (LKWs) mit $\sigma_{\mathrm{max}} = 20\,\mathrm{dBm}^2$. Da sich diese vereinfachte Annahme gut mit den Messergebnissen in [SFGT+11] deckt, wird sie als Grundlage für die folgenden Betrachtungen übernommen. In einer realen Messung muss zusätzlich von einer deutlichen Fluktuation dieser Werte in Abhängigkeit des Blickwinkels auf das Objekt ausgegangen werden. Für die absolute Temperatur wird im im folgenden $T = 300\,\mathrm{K}$ angenommen. Alle relevanten Parameter bezüglich einer praktischen Anwendung im 24 GHz ISM-Band sind in Tabelle 3.3 noch einmal zusammengefasst.

Tabelle 3.3: Parameter für eine praktische Implementierung im 24 GHz ISM-Band

Symbol	Bezeichnung	Wert
$P_{\mathrm{Tx,EIRP}}$	Effektive isotrope Sendeleistung	20 dBm
G_{Rx}	Gewinn Empfangsantenne	15,6 dB
F	Rauschzahl Empfänger	5 dB
$\sigma_{\mathrm{RCS,min}}$	Minimaler Radar-Rückstreuquerschnitt	-10 dBm^2
$\sigma_{\mathrm{RCS,max}}$	Maximaler Radar-Rückstreuquerschnitt	20 dBm^2

Auf Basis dieser Annahmen werden nun für den minimalen und den maximalen RCS-Wert für die drei verschiedenen Distanzen $R = 5, 50, 200\,\mathrm{m}$ mit Hilfe von Gleichung (2.37) das verfügbare Eingangs-SNR am Empfänger sowie die daraus für $N_{\mathrm{sym}} = 256$ resultierende mittlere Dynamik $\mathrm{SNR}_{\mathrm{image}}$

berechnet. Die betrachteten Distanzen können als minimale, typische und im Idealfall maximal messbare Distanz interpretiert werden. Die Ergebnisse sind in Tabelle 3.4 zusammengefasst.

Tabelle 3.4: Verfügbare Dynamik in einer praktischen 24 GHz ISM-Anwendung für verschiedene RCS-Werte und Distanzen

σ in dBm^2	R in m	$\mathrm{SNR_{in}}$ in dB	$\mathrm{SNR_{image}}$ in dB
-10	5	15,7	69,9
	50	-24,3	29,9
	200	-48,3	5,9
20	5	45,7	99,9
	50	5,7	59,9
	200	-18,3	35,9

Tatsächlich ist die auftretende Dämpfung so hoch, dass in vielen Fällen die empfangene Signalleistung unterhalb der thermischen Rauschleistung liegt. Für ein schwach reflektierendes Objekt mit σ_{min} = -10 dBm^2 ist dies sogar bereits für mittlere Distanzen der Fall. Für die praktische Durchführbarkeit einer Radar-Messung ist daher die Verfügbarkeit eines sehr hohen Prozessierungsgewinns eine unabdingbare Voraussetzung. Damit ein Objekt in dem Radar-Bild detektiert werden kann, muss die mittlere Dynamik $\mathrm{SNR_{image}}$ nach der Prozessierung mindestens so groß sein, dass das Objekt sich eindeutig von den Peaks des Hintergrundrauschens abhebt. Die vorangehenden Simulationen haben bereits gezeigt, dass mit den gewählten Systemparametern die Spitzenwerte des Hintergrundrauschens sehr zuverlässig um maximal ungefähr 11 dB über dem durchschnittlichen Rauschpegel liegen. Folglich kann ab $\mathrm{SNR_{image}} > 12$ dB von einer sehr sicheren Detektion ausgegangen werden. Diese Bedingung ist, abgesehen von dem Fall des schwach reflektierenden Objekts in sehr großer Distanz, für alle anderen Fälle erfüllt. $\mathrm{SNR_{image}}$ ist in diesen Fällen sogar weit größer als 11 dB, so dass auch im Fall einer Fluktuation des RCS von einer sicheren Detektion ausgegangen werden kann. Betrachtet man den gesamten Dynamikbereich, der bei einer Messung auftreten kann, so variiert dieser zwischen dem Fall des schwach reflektierenden Objekts in der größtmöglichen Distanz und dem des stark reflektierenden Objekt in der kürzesten Distanz um insgesamt 94 dB. Damit in einem realen Szenario tatsächlich immer alle Objekte erkannt werden können, muss das

Prozessierungsverfahren ohne den Einfluss von Rauschen eine mittlere Dynamik von mindestens 94 dB zur Verfügung stellen, die nicht durch Artefakte wie Nebenmaxima oder aus einer Doppler-Verschiebung resultierendes Rauschen eingeschränkt wird. In der Realität wird diese sehr hohe Anforderung allerdings durch zwei Effekte abgeschwächt. Erstens ist eine Detektion von Objekten erst möglich, sobald diese sich vom Hintergrundrauschen abheben. Im betrachteten Anwendungsbeispiel zeigte sich jedoch, dass dies mit den gewählten Parametern für die größte Distanz und das niedrigste RCS nicht mehr der Fall ist, wodurch sich hier der erforderliche Dynamikbereich um ca. 6 dB reduziert. Zweitens setzt die für die Berechnung der empfangenen Signalleistung zu Grunde gelegte Gleichung (2.35) voraus, dass sich das reflektierende Objekt im Fernfeld befindet. Diese Voraussetzung ist aber für kurze Distanzen nicht gegeben, wodurch sich die empfangene Signalleistung gegenüber dem aus Gleichung (2.35) theoretisch erwarteten Ergebnis reduziert. Eine detaillierte Betrachtung dieser Problematik folgt in Abschnitt 4.2.2. Dort zeigt sich in einer Messung, dass für kurze Distanzen die gemessene Signalleistung fast 10 dB unter dem nach Gleichung (2.35) erwarteten Wert liegt. Folglich muss das RadCom-System in der geplanten Anwendung zumindest einen gesamten Dynamikbereich von 80 dB beherrschen. Das relative Niveau der aus der Fourier-Transformation resultierenden Nebenmaxima kann mit Hilfe einer geeigneten Fensterung problemlos unter einen Wert von -80 dB reduziert werden, so dass die Nebenmaxima die Detektion nicht beeinträchtigen. Im Fall des Auftretens der maximalen Doppler-Verschiebung bleibt die Dynamik allerdings auf ca. 70 dB begrenzt (vgl. Abschnitt 3.3.4). Im ungünstigsten Fall kann folglich die erforderliche Dynamik nicht vollständig erreicht werden und es müssen leichte Einschränkungen in Bezug auf die Sensitivität akzeptiert werden. Der Rückblick auf Tabelle 3.4 zeigt, dass trotz dieser Einschränkung mit einer 24 GHz ISM-Anwendung dennoch alle Objekte mit schwacher Reflektivität bis zu einer Distanz von 50 m und stark reflektierende Objekte bis zu einer Distanz von 200 m mit Sicherheit detektiert werden können.

Die maximale Distanz, bis zu der ein Objekt im Idealfall detektiert werden kann, ergibt sich aus Gleichung (2.41). Diese Distanz wird nun in 10 dBm^2 Schritten im Bereich der typischen RCS-Werte zwischen σ = -10 dBm^2 und σ = 20 dBm^2 berechnet. Für das erforderliche Eingangs-SNR wird unter Berücksichtigung der Differenz zwischen PSL und mittlerer Dynamik ein Wert von $\mathrm{SNR_{in}} = -G_\mathrm{p} + 12\,\mathrm{dB}$ = -42,2 dB angenommen. Die Ergebnisse sind in Tabelle 3.5 gezeigt.

Tabelle 3.5: Unter idealen Bedingungen mit einer 24 GHz ISM-Anwendung für verschiedene RCS-Werte erzielbare maximale Distanzen

σ in dBm^2	R_{max} in m
-10	140,5
0	249,8
10	444,2
20	789,9

Unter idealen Bedingungen können sogar schwach reflektierende Objekte mit σ_{min} = -10 dBm^2 noch in einer Entfernung von weit über 100 m detektiert werden. Bei mittlerer und starker Reflektivität erhöht sich diese Distanz theoretisch auf mehrere hundert Meter. Dabei muss allerdings berücksichtigt werden, dass diese Reichweiten nur im Fall einer direkten Sichtverbindung zwischen RadCom-System und reflektierendem Objekt gelten, diese Voraussetzung aber typischerweise bei derart hohen Distanzen nicht mehr gegeben ist.

3.4 Fazit bezüglich einer realen Anwendung im 24 GHz ISM-Band

In diesem Kapitel wurde die Leistungsfähigkeit des entwickelten Verfahrens sowie die Möglichkeit der Implementierung einer realen RadCom-Anwendung im 24 GHz ISM-Band untersucht. Zunächst wurden dabei die physikalischen Randbedingungen hinsichtlich der Wahl der OFDM-Systemparameter analysiert und eine geeignete Parametrisierung abgeleitet. Bei der Untersuchung der Randbedingungen zeigte sich, dass einerseits Limitierungen auf Grund der physikalischen Eigenschaften der Wellenausbreitung existieren, die sowohl die Kommunikations- als auch die Radar-Funktion betreffen. Mit Hilfe der der klassischen Regeln zum System-Design für OFDM-basierte Kommunikationssysteme können geeignete Werte für die verschiedenen Parameter ermittelt werden. Dabei muss berücksichtigt werden, dass für die Radar-Anwendung sowohl die effektive Distanz als auch die Doppler-Verschiebung doppelt so hoch im Vergleich zur Kommunikations-Anwendung sind, da das Signal die Wegstrecke zwischen OFDM-System und Objekt zweifach durchläuft. Andererseits existieren Randbedingungen hinsichtlich der

Parameter, die ausschließlich durch das entwickelte Prozessierungsverfahren zur Durchführung von Radar-Messungen begründet sind und Einschränkungen hinsichtlich des Eindeutigkeitsbereichs betreffen. In diesem Zusammenhang konnte jedoch gezeigt werden, dass die aus der physikalischen Wellenausbreitung resultierenden Grenzwerte für die Parameter wesentlich härter sind als diejenigen, die sich aus den Eindeutigkeitsbedingungen ergeben. Die Distanz- und Geschwindigkeits-Auflösung haben keinen limitierenden Einfluss auf die zentralen Parameter der OFDM-Symboldauer und des Unterträgerabstands, da die Distanz- und Geschwindigkeits-Auflösung durch eine entsprechende Wahl der Unterträger bzw. der Anzahl der ausgewerteten OFDM-Symbole beliebig skaliert werden können. Folglich sind für eine praktische Parameterwahl ausschließlich die durch die Wellenausbreitung gegebenen Randbedingungen relevant und es können für OFDM-basierte RadCom-Systeme dieselben Design-Regeln wie für klassische OFDM-basierte Kommunikationssysteme angewendet werden.

Unter Berücksichtigung einer Trägerfrequenz von 24 GHz sowie der in einem typischen Anwendungs-Szenario auftretenden Distanzen und relativen Geschwindigkeiten ergeben sich Grenzwerte für die OFDM-Symboldauer und den Unterträgerabstand, die einen gewissen Spielraum bei der Wahl der Parameter zulassen. Um den Leistungsverlust durch das Cyclic Prefix zu minimieren, sollte die maximal mögliche OFDM-Symboldauer bzw. der minimal mögliche Unterträgerabstand gewählt werden. Unter Berücksichtigung der für eine praktische Anwendung erforderlichen Reichweite sowie der gewünßchten Distanz- und Doppler-Auflösung wurde eine vollständige optimale Parametrisierung für ein OFDM-basiertes RadCom-System abgeleitet. Somit konnte gezeigt werden, dass tatsächlich eine geeignete Parametrisierung für das 24 GHz-Band existiert, die alle Voraussetzungen sowohl für eine Kommunikations- als auch für eine Radar-Anwendung erfüllt.

Zur Evaluierung der grundsätzlichen Funktionsfähigkeit des entwickelten Verfahrens sowie dessen Leistungsfähigkeit wurde ein vollständiges Systemmodell in MatLab implementiert. Mit Hilfe dieses Simulationsmodells konnte gezeigt werden, dass wie erwartet Distanz und relative Geschwindigkeit mehrerer Objekte eindeutig bestimmt werden können und im resultierenden Radar-Bild als störende Artefakte ausschließlich die aus den Fourier-Transformationen resultierenden Nebenmaxima auftreten. Im Fall von am Empfänger überlagertem Rauschen konnte gezeigt werden, dass das entwickelte Verfahren in der Simulation tatsächlich exakt den in Abschnitt 2.5.2 hergeleiteten Prozessierungsgewinn liefert. Darüber hinaus war es erst mit

Hilfe des Simulationsmodells möglich, die Struktur des Hintergrundrauschens im Radar-Bild, das durch das am Empfänger überlagerte Rauchen hervorgerufen wird, genauer zu untersuchen. Dabei zeigte sich, dass die Intensität dieses Hintergrundrauschens zwar eine gewisse Varianz besitzt, die Spitzenwerte aber den Mittelwert um maximal ca. 11 dB übersteigen. Diese Differenz trat in allen Simulationen unabhängig von äußeren Einflüssen wie dem Eingangs-SNR und der Anzahl ausgewerteter OFDM-Symbole auf. Folglich kann unter Kenntnis des mittleren Hintergrundrauschens eine Entscheidungsschwelle festgelegt werden, die eine Detektion von Objekten mit sehr hoher Sicherheit ermöglicht. Auf Grund des hohen Prozessierungsgewinns G_{p} von 54,2 dB liegt diese Schwelle mit den gewählten Systemparametern immer noch um ca. 42 dB unterhalb des Eingangs-SNR, wodurch eine sehr hohe Empfindlichkeit für Radar-Messungen gegeben ist. Durch weitere Simulationen konnte gezeigt werden, dass ein identischer Prozessierungsgewinn sowie eine identische Limitierung der Maximalwerte des Hintergrundrauschens auftreten, falls anstelle weißen Rauschens das Empfangssignal mit einem zweiten OFDM-Signal überlagert wird, welches unkorrelierte Information trägt. Diese Tatsache garantiert, dass die Interferenz von weiteren, parallel im selben Frequenzbereich arbeitenden RadCom-Systemen um den Betrag des Prozessierungsgewinns reduziert wird und somit ein Parallelbetrieb mehrerer Systeme ermöglicht wird.

Weiterhin konnte mit Hilfe des Simulationsmodells gezielt untersucht werden, welchen Einfluss das Auftreten einer Doppler-Verschiebung auf die Qualität des Radar-Bildes ausübt. In Kapitel 2 wurde davon ausgegangen, dass die im Fall einer Doppler-Verschiebung auftretende Interferenz aus den benachbarten Unterträgern vernachlässigt werden kann, sofern die klassischen Regeln für die Parameterwahl bei OFDM-Kommunikationssystemen befolgt werden. Mit den hier durchgeführten Simulationen konnte gezeigt werden, dass diese Annahme tatsächlich gerechtfertigt ist. Die Doppler-Verschiebung verursacht ein Hintergrundrauschen im Radar-Bild, dessen Pegel allerdings sehr niedrig ist. Selbst bei der als maximal angenommenen relativen Geschwindigkeit wird noch eine mittlere Dynamik von 75,3 dB erreicht. Um diese Dynamik überhaupt erzielen zu können, muss ein hohes Signal-zu-Rausch-Verhältnis von mindestens 20 dB vorhanden sein. Sofern dies nicht der Fall ist, wird die Dynamik durch das thermische Rauschen begrenzt und der Einfluss der Doppler-Verschiebung ist nicht wahrnehmbar.

Schließlich wurde untersucht, welche Anforderungen an die Systemdynamik in einer realen Anwendung im Straßenverkehr gegeben sind und welche Leistungsfähigkeit tatsächlich in der Praxis erzielt werden kann. Hierfür wurde zunächst das in einer realen Anwendung am Empfänger verfügbare Eingangs-SNR abgeschätzt. Um eine realistische Abschätzung für den verfügbaren Antennengewinn zu erhalten, wurde zunächst eine mögliche Sensorik-Anwendung im Bereich mittlerer Reichweiten definiert. Weiterhin wurden die Limitierung der Sendeleistung durch die 24 GHz ISM-Regulierung, typische Verluste auf Grund nichtidealer Systemkomponenten sowie typische Radar-Rückstreuquerschnitte und Objekt-Distanzen berücksichtigt. In Bezug auf die Leistungsfähigkeit einer praktischen RadCom-Implementierung im 24 GHz-ISM auf Basis des entwickelten Verfahrens kann daraus Folgendes festgehalten werden:

- Auf Grund der niedrigen zulässigen Sendeleistung und der hohen Ausbreitungsdämpfung liegt die Leistung des reflektierten Signals am Empfänger in vielen Fällen unterhalb der thermischen Rauschleistung.

- Durch den hohen verfügbaren Prozessierungsgewinn kann dennoch die Detektion aller relevanten Objekte in fast allen Fällen garantiert werden. Problematisch ist lediglich eine Detektion schwach reflektierender Objekte in sehr großen Distanzen. Die Leistungsfähigkeit in diesem Zusammenhang ist identisch zu derjenigen eines klassischen FMCW-Radars.

- Der gesamte für die betrachteten Distanzen und RCS-Werte auftretende Dynamikumfang beträgt theoretisch 94 dB.

- Berücksichtigt man allerdings, dass ein geringer Teil dieses Dynamikumfangs bereits in das thermische Rauschen fällt sowie die Tatsache, dass die Reflexionen aus kurzen Distanzen mangels Erfüllung der Fernfeldbedingung abgeschwächt werden, dann kann von einem tatsächlich erforderlichen Dynamikumfang in der Größenordnung von 80 dB ausgegangen werden.

- Falls sich tatsächlich ein sehr stark reflektierendes Objekt in sehr kurzer Distanz mit der maximal angenommenen Geschwindigkeit bewegt, wird die Dynamik durch die Doppler-Verschiebung auf 70 dB begrenzt. In diesem Fall steigt das Hintergrundrauschen um 5 dB an und die Empfindlichkeit bzw. die maximal messbare Distanz reduzieren sich entsprechend.

Insgesamt betrachtet bietet das 24 GHz ISM-Band folglich eine gut geeignete Basis zur Implementierung von RadCom-Anwendungen auf Basis des entwickelten Verfahrens mit hoher Leistungsfähigkeit.

4 Systemdemonstrator und Messungen zur Verifikation

In diesem Kapitel wird das entwickelte Radar-Prozessierungsverfahren mit Hilfe eines auf Basis von Laborgeräten aufgebauten Systemdemonstrators in praktischen Messungen verifiziert. In den folgenden Abschnitten werden zunächst die eingesetzten Komponenten und der Aufbau des Demonstrators detailliert beschrieben. Anschließend werden umfangreiche Messergebnisse präsentiert. Dabei wird die praktische Funktionsfähigkeit des Verfahrens nachgewiesen, der Prozessierungsgewinn durch Messungen verifiziert, die bei der Analog-zu-Digital-Wandlung im Empfänger erforderliche Quantisierungstiefe untersucht, die Leistungsfähigkeit in einem realen Straßenverkehrsszenario durch eine Messfahrt demonstriert sowie die Eignung verschiedener Fenster-Funktionen unter praktischen Gesichtspunkten beurteilt.

4.1 Aufbau eines Systemdemonstrators

Beim Aufbau des Demonstrators wurde Wert darauf gelegt, ein möglichst flexibles System zu erhalten, so dass bei Bedarf alle relevanten Parameter modifiziert werden können. Der Aufbau erfolgt daher auf Basis von Laborgeräten, die eine flexible Generierung und Prozessierung breitbandiger Signale ermöglichen. Gleichzeitig wurde es dadurch möglich, die bereits für das in Abschnitt 3.2 vorgestellte Simulationsmodell implementierten MatLab-Funktionen in den Demonstrator zu übernehmen. Der Demonstrator besteht aus folgenden Kernkomponenten (siehe auch Bild 4.1).

- Vektorsignalgenerator Rohde & Schwarz SMJ100A
- Signalanalysator Rohde & Schwarz FSQ26
- Signalgenerator Rohde & Schwarz SMR40 (als Aufwärtsmischer)
- Leistungsverstärker-Modul Hittite HMC498LC4
- Hornantennen

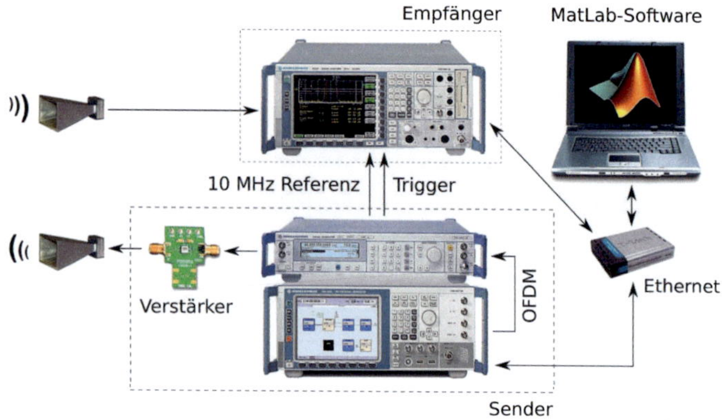

Bild 4.1: Schematischer Aufbau des Systemdemonstrators

Der Vektorsignalgenerator und der Empfänger sind über eine Ethernet-Verbindung mit einem Computer verbunden. Dieser übernimmt sowohl die Erzeugung und Verarbeitung der Signale als auch die Ansteuerung der Geräte und die Automatisierung der Messprozedur, so dass Messungen in Echtzeit durchgeführt werden können. Der Vektorsignalgenerator erfüllt folglich die Funktionen der Digital-zu-Analog Wandler und des Mischers in Bild 2.2. Auch der Signalanalysator, der auf der Empfängerseite eingesetzt wird, stellt im Prinzip lediglich den Ersatz des Mischers und der Analog-zu-Digital Wandler dar. Zur Steuerung der Geräte wird die *MatLab Instrument Control Toolbox* eingesetzt, mit deren Hilfe unter der Einbindung von gerätespezifischen Treibern alle relevanten Parameter der Geräte, wie z.B. Trägerfrequenz, Abtastrate, Sendeleistung, etc. direkt aus MatLab vorgegeben werden können. Die Oszillatoren im Aufwärtsmischer und im Empfänger werden mit Hilfe der 10 MHz-Referenz des Vektorsignalgenerators in der Phase synchronisiert. Weiterhin wird vom Vektorsignalgenerator ein Trigger-Signal an den Empfänger übertragen, welches die Aufzeichnung des Signals im Empfänger zeitlich mit dem Sendeintervall synchronisiert. Der Ablauf einer Messung sowie die wichtigsten Kenngrößen der einzelnen Komponenten des Demonstrators werden im Folgenden detailliert beschrieben.

Zunächst wird auf dem Computer mit der in Abschnitt 3.2 bereits beschriebenen MatLab-Software zur Modellierung des Senders ein komplexwertiges Basisband-Signal erzeugt. Dabei sind nach wie vor alle relevanten OFDM-

Parameter frei einstellbar. Das generierte Signal mit der Abtastrate N_c/T wird anschließend über die Ethernet-Verbindung in den Vektorsignalgenerator übertragen. Gleichzeitig werden weitere benötigte Informationen wie die Abtastrate, die gewünschte Sendeleistung und die Trägerfrequenz übermittelt. Nach der Übertragung aller Daten in das Gerät wird das OFDM-Signal auf der gewählten Trägerfrequenz an einem Signalausgang ausgegeben. Der SMJ100A kann dabei maximal eine Signalbandbreite von 100 MHz erzeugen. Die maximale Trägerfrequenz beträgt $f_c = 6$ GHz und die maximale Spitzen-Ausgangsleistung 20 dBm. Da leider kein geeigneter Vektorsignalgenerator verfügbar war, der eine Trägerfrequenz von 24 GHz erzeugen kann, wurde trotz der Begrenzung der Trägerfrequenz auf 6 GHz dennoch auf den SMJ100A zurückgegriffen. Mit den in Tabelle 3.2 spezifizierten Systemparametern ergibt sich im Fall der Übertragung zufälliger Daten ohne weitere Codierung ein Peak to Average Power Ratio zwischen 10 und 12 dB. Der exakte Wert hängt von der gesendeten Information ab und variiert von Übertragung zu Übertragung. Somit kann im Frequenzbereich bis 6 GHz maximal eine mittlere Ausgangsleistung von 8 dBm zuverlässig bereit gestellt werden. Da der Demonstrator jedoch eine Anwendung im 24 GHz ISM-Band realisieren soll, ist diese Limitierung ohnehin nicht relevant. Um die gewünschte Trägerfrequenz im 24 GHz ISM-Band erreichen zu können, wird das Ausgangssignal des Vektorsignalgenerators mit Hilfe des zusätzlichen Signalgenerators SMR40 ein weiteres Mal gemischt. Hierbei wird dessen Eingang für ein externes Modulationssignal genutzt. Dabei besteht allerdings der Nachteil, dass der SMR40 keine I/Q-Signale unterstützt. Dies bedeutet, dass als Ausgangsprodukt der Mischung zwei Seitenbänder entstehen. Ein weiterer Nachteil dieses Geräts besteht darin, dass bei der Nutzung des externen Modulationssignaleingangs eine Regelung der Ausgangsleistung nicht möglich ist. Die Ausgangsleistung hängt stattdessen von der Leistung des Eingangssignals ab und weist ab einem bestimmten Eingangspegel eine Sättigung auf. Die maximale Eingangsfrequenz für die externe Modulationsquelle beträgt 700 MHz. Beim Testen verschiedener Eingangsfrequenzen zeigte sich, dass mit tieferen Eingangsfrequenzen eine höhere Ausgangsleistung erzielt werden kann. Daher wird für die Übertragung des OFDM-Signals vom SMJ100A zum SMR40 eine Zwischenfrequenz von 200 MHz gewählt. Bei einer Mischung mit einer Frequenz von 23,85 GHz aus dem SMR40 erhält man dann ein (unerwünschtes) unteres Seitenband im Frequenzbereich 23,6 - 23,7 GHz sowie das erwünschte obere Seitenband im Frequenzbereich 24,0 - 24,1 GHz. Zusätzlich erfolgt eine Abstrahlung der Lokaloszillatorfrequenz von 23,85 GHz. Die Erzeugung der unerwünschten Signalanteile kann mit den vorhandenen Laborgeräten leider nicht vermieden werden. Diese Signalanteile werden allerdings später im Empfänger nicht ausgewertet, so dass sie lediglich zu unerwünschten Aussendungen sowie einem Leistungsverlust führen. Das Zwischenfrequenzsignal wird mit einer Leistung von 0 dBm übertragen, wodurch die maximale Ausgangsleistung des SMR40 erreicht wird. Das mit dem Signalanalysator über eine direkte Kabelverbindung gemessene Spektrum des Sendesignals ist in Bild 4.2 gezeigt. Das dargestellte Spektrum ist auf die Trägerfrequenz des gewünschten oberen Seitenbandes von 24,05 GHz zentriert und deckt eine Bandbreite von 1 GHz ab. Neben dem oberen Seitenband bei der Mittenfrequenz sieht man in der linken Hälfte des Bildes darüber hinaus das Signal des Lokaloszillators sowie das untere Seitenband. Mit dem Signalanalysator wurde die Signalleistung in einer Bandbreite von 93,1 MHz um die Mittenfrequenz (im Bild entsprechend dem Bereich zwischen den inneren Markierungslinien) zu -19,3 dBm bestimmt. Die Dämpfung des eingesetzten Verbindungskabels wurde mit einem Netzwerkanalysator gemessen und beträgt 1,7 dB. Folglich beträgt die Sendeleistung des Nutzsignals am Ausgang des SMR40 Signalgenerators lediglich -17,6 dBm. Dabei muss dem SMR40 Signalgenerator allerdings zugute gehalten werden, dass dieser als Signalgenerator zum Testen von Schaltkreisen und nicht als Sender für Testmessungen konzipiert ist. Um dennoch eine brauchbare Sendeleistung zu erhalten, wird ein Verstärkerbaustein von Typ HMC498LC4 der Firma Hittite eingesetzt. Dieser Baustein wird auf einem Evaluation-Board des Herstellers betrieben und liefert laut Datenblatt eine Verstärkung von 21,8 dB bei der Mittenfrequenz von 24,05 GHz. Somit beträgt die mit dem Aufbau zur Verfügung stehende mittlere Sendeleistung $P_{\mathrm{Tx}} = 4{,}2\,\mathrm{dBm}$. Die Sättigungsleistung des Verstärkermoduls beträgt 26,5 dBm. Somit kann davon ausgegangen werden, dass auch die Leistungsspitzen des OFDM-Signals, welche maximal 12 dB über der Durchschnittsleistung liegen, noch in den linearen Übertragungsbereich des Verstärkers fallen.

Das Sendesignal wird anschließend über eine Hornantenne mit einem Gewinn von $G_{\mathrm{Tx}} = 22\,\mathrm{dBi}$ abgestrahlt. Unter Berücksichtigung der in den Anschlusskabeln auftretenden Verluste von 3,6 dB beträgt die effektiv isotrop abgestrahlte Sendeleistung $P_{\mathrm{Tx,EIRP}} = 22{,}6\,\mathrm{dBm}$ und liegt somit knapp oberhalb der nach der ISM-Regulierung zulässigen Sendeleistung von 20 dBm. Zum Empfang des reflektierten OFDM-Signals kommt ebenfalls eine Hornantenne zum Einsatz. Diese verfügt gegenüber der Sendeantenne über eine

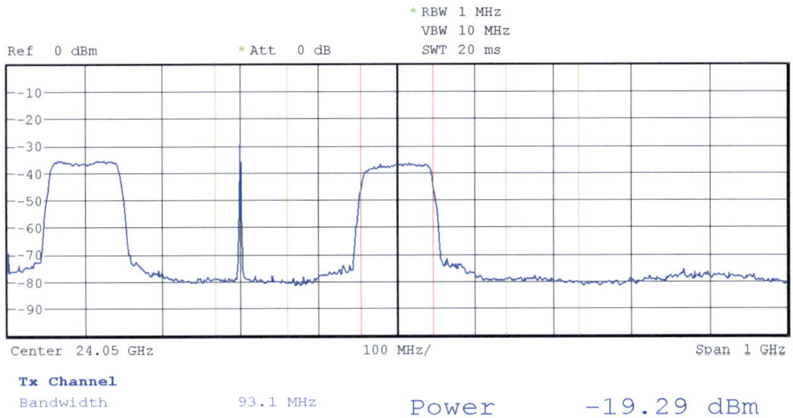

Bild 4.2: Gemessenes Spektrum des Sendesignals

leicht veränderte Bauform, woraus ein leicht verschiedender Antennengewinn von $G_{\mathrm{Rx}} = 22{,}5\,\mathrm{dB}$ resultiert. Für die Verbindung zwischen Empfangsantenne und Empfänger kommt ein baugleiches Kabel zum Einsatz, so dass auch hier eine Kabeldämpfung von 3,6 dB auftritt. Die Antennen werden zur Durchführung von Messungen auf einem fahrbaren Labortisch in einem vertikalen Abstand von 30 cm platziert. Eine direkte Kopplung zwischen den Antennen ist in diesem Fall praktisch nicht messbar.

Das empfangene Signal wird schließlich dem Signalanalysator FSQ26 zugeführt. Dessen Aufgabe besteht darin, das Signal ins Basisband zurück zu mischen und anschließend die I- und Q-Komponente zu digitalisieren. Die Auflösung bei der Analog-zu-Digital-Wandlung beträgt 14 bit. Da der FSQ26 bis zu einer Trägerfrequenz von 26 GHz eingesetzt werden kann, entfällt auf der Empfangsseite der umständliche Weg über eine Zwischenfrequenz. Stattdessen kann der Empfänger direkt auf eine Trägerfrequenz von 24,05 GHz eingestellt werden und empfängt dann ausschließlich das obere Seitenband, so dass das unerwünscht ausgesendete untere Seitenband keinerlei Einfluss auf das Messergebnis ausüben kann. Theoretisch ist bei der Analog-zu-Digital-Wandlung im Empfänger dieselbe Abtastrate wie im Sender von N_c/T erforderlich. Allerdings wurde in Testmessungen deutlich, dass bei der Wahl dieser Abtastrate das Anti-Aliasing-Filter im Empfänger aufgrund mangelnder Flankensteilheit die Unterträger am äußeren Rand des OFDM-Signals sehr stark dämpft, so dass insbesondere im Fall der Kommunikationsanwendung eine Decodierung der in diesem Bereich übertragenen Information nicht mehr möglich ist. Um diese Problematik zu umgehen, wird im Empfänger eine Überabtastung durchgeführt und das empfangene Signal mit der Abtastrate $2N_c/T$ abgetastet. Dies ist problemlos möglich, da der FSQ26 Abtastraten bis zu 326,4 MHz erlaubt. Ähnlich wie der SMR40 Signalgenerator ist auch der FSQ26 Signalanalysator nicht als Testempfänger sondern zur Charakterisierung von Schaltungstechnik konzipiert und fungiert simultan als Empfänger und Spektralanalysator. Daher entspricht dessen Rauschzahl bei weitem nicht derjenigen eines optimierten Empfängers. Stattdessen beträgt laut Herstellerangaben die bei einer Frequenz von 22 GHz auftretende Rauschleistung -143 dBm/Hz. Dies entspricht einer Rauschzahl von $F = 31$ dB. Die gesamte Rauschleistung innerhalb der Bandbreite des OFDM-Signals mit den typischen Parametern aus Tabelle 3.2 beträgt -63,3 dBm. Die Rauschzahl des verwendeten Empfängers liegt somit um 26 dB über dem Wert, der nach Kapitel 3.3.5 mit einem auf die Anwendung zugeschnittenen Empfänger erzielbar wäre. Selbst wenn die Sendeleistung des Messaufbaus um wenige dB über dem durch die ISM-Regulierung vorgegebenen Limit liegt und der Empfangsantennengewinn größer ist als in Abschnitt 3.3.5 angenommen, wird folglich mit diesem Aufbau nicht die maximale Leistungsfähigkeit einer ISM-Anwendung ausgeschöpft.

Die digitalisierte I- und Q-Komponente werden im Anschluss an die Aufzeichnung über die Ethernet-Verbindung an den Computer zurück übertragen. In der MatLab-Software wird zunächst unter Einbeziehung eines Tiefpassfilters die Abtastrate auf den ursprünglichen Wert N_c/T reduziert. Anschließend werden die bereits für das Simulationsmodell entwickelten Routinen zur Berechnung des Radar-Bildes bzw. zur Decodierung der übertragenen Information eingesetzt. Der gesamte Aufbau bildet somit das in Abbildung 2.2 gezeigte OFDM-System vollständig nach. Radar-Messungen und Datenübertragung können mit dem Demonstrator quasi in Echtzeit durchgeführt werden. Den mit Abstand größten Zeitaufwand erfordert dabei die Übertragung der Signale zwischen Computer und Vektorsignalgenerator bzw. zwischen Empfänger und Computer. Entsprechend hängt die auftretende Zeitverzögerung praktisch ausschließlich von der Anzahl übertragener OFDM-Symbole N_{sym} ab. Mit der typischen Wahl $N_{\mathrm{sym}} = 256$ beträgt die Zeitverzögerung zwischen dem Start der Messung und der Verfügbarkeit des Radar-Bildes bzw. der Information ungefähr fünf Sekunden. Dieser Aufbau erlaubt folglich eine direkte Evaluierung der Funktionsfähigkeit des entwickelten Verfahrens unter realen Bedingungen sowie eine sehr flexible Untersuchung der Auswirkung verschiedener Systemparameter auf die erzielbare Leistungsfähigkeit. In Tabelle 4.1 sind die wichtigsten Parameter des Demonstrators nochmals zusammengefasst.

Tabelle 4.1: Leistungsdaten des System-Demonstrators

Symbol	Bezeichnung	Wert
f_c	Trägerfrequenz	24,05 GHz
P_Tx	Ausgangsleistung	4,2 dBm
a	Dämpfung pro Kabel (bei 24 GHz)	3,6 dB
G_Tx	Gewinn Sendeantenne	22 dB
$P_\mathrm{Tx,EIRP}$	Effektive isotrope Sendeleistung	22,6 dBm
G_Rx	Gewinn Empfangsantenne	22,5 dB
F	Rauschzahl Empfänger (bei 24 GHz)	31 dB

4.2 Messungen zur Verifikation und Ergebnisse

In diesem Abschnitt werden verschiedenartige Szenarien betrachtet, in denen Messungen zur Verifikation und Evaluierung des modulationssymbolbasierten Radar-Verfahrens durchgeführt wurden, und die erzielten Ergebnisse präsentiert. Dabei werden neben der prinzipiellen Funktionsfähigkeit insbesondere die theoretischen Annahmen hinsichtlich des Prozessierungsgewinns und der erzielbaren Dynamik untersucht.

4.2.1 Verifikation der prinzipiellen Funktionsfähigkeit

Erste mit dem Systemdemonstrator in einer statischen Umgebung erzielte Messergebnisse wurden bereits in [SBZW10b] präsentiert. Um jedoch die Funktionsfähigkeit der gemeinsamen Bestimmung von Distanz und relativer Geschwindigkeit evaluieren zu können, wird ein Szenario benötigt, in dem mindestens ein bewegtes Objekt vorhanden ist. Auf Grund der begrenzten Auflösungen für Distanz und relative Geschwindigkeit ist es praktisch unmöglich, Messungen mit bewegten Objekten in einer Antennenmesskammer durchzuführen. Folglich bleibt für die Evaluierung nur eine Messung im Freien, wobei dann Reflexionen aus der Umgebung in Kauf genommen werden müssen. Dies gilt selbst für den Fall, dass sich keine Objekte in der näheren Umgebung befinden, da in praktischen Messungen allein auf Grund der Rauhigkeit des Bodens nicht nachvollziehbare Reflexionen auftreten. Die störenden Reflexionen von feststehenden Objekten bzw. vom Erdboden können im Radar-Bild allerdings sehr einfach identifiziert werden, da sie alle die Relativgeschwindigkeit null bzw. im Fall einer bewegten Radar-Plattform die absolute Geschwindigkeit der Plattform besitzen. Aus diesem Grund wurde schließlich die Entscheidung getroffen, dass bei der Durchführung der Messungen auch eine gewisse Anzahl reflektierender Objekte in der Umgebung toleriert werden kann.

Das Szenario, in dem zunächst die prinzipelle Funktionsfähigkeit des Verfahrens untersucht wird, ist in Bild 4.3 gezeigt. Das RadCom-System befindet sich auf dem im Bild links unten sichtbaren Labortisch. Der Computer und die Antennen befindet sich auf der oberen Ebene des Tischs. Sender, Empfänger und Verstärker sind auf der unteren Ebene platziert. In 20 m Distanz befinden sich sowohl ein auf einem Styroporzylinder positionierter *Trihedral*-Reflektor mit einem Rückstreuquerschnitt von $\sigma = 16{,}3\,\text{dBm}^2$ bei 24 GHz als auch ein Fahrzeug, das sich mit einer Geschwindigkeit von $v_{\text{rel}} = 25\,\text{km/h} \approx 7\,\text{m/s}$ auf das RadCom-System zu bewegt. Ein Radar-Bild wurde genau in jenem Moment aufgenommen, in dem das Fahrzeug den Reflektor passiert. Das aus dem reflektierten OFDM-Signal mit den Systemparametern entsprechend Tabelle 3.2 gewonnene normierte Radar-Bild ist in Bild 4.4 gezeigt.

Das Radar-Bild zeigt in der Distanz von 20 m wie erwartet zwei starke Reflexionen, wovon sich eine bei der Relativgeschwindigkeit null und die zweite bei ungefähr 7 m/s befindet. Der durch das Fahrzeug verursachte Peak bei 7 m/s besitzt bezogen auf den durch den Reflektor verursachten Peak bei der Geschwindigkeit null eine um 15,6 dB schwächere Intensität. Der Rückstreuquerschnitt des Fahrzeugs beträgt folglich in der bei der Messung auftretenden Perspektive lediglich $\sigma = 0{,}7\,\text{dBm}^2$. Für die relative Geschwindigkeit $v_{\text{rel}} = 0$ treten zahlreiche weitere Reflexionen auf, die allerdings in den meisten Fällen relativ schwach ausgeprägt sind. Weitere starke Reflexionen treten für Distanzen von knapp 50 m auf. Hier befinden sich Teile eines Gebäudes im Hintergrund, die in dem Foto in Bild 4.3 allerdings teilweise durch Bäume verdeckt sind. Auf Grund der zahlreichen Reflexionen sind die Nebenmaxima in Entfernungsrichtung nicht sichtbar. Das höchste Nebenmaximum in

Bild 4.3: Untersuchtes Szenario mit einem bewegten Objekt

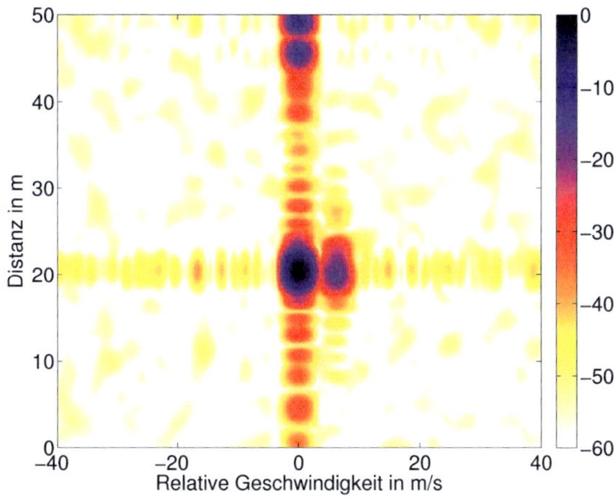

Bild 4.4: Gemessenes Radar-Bild für das in Bild 4.3 gezeigte Szenario, normierte Intensität in dB

Geschwindigkeitsrichtung besitzt eine relative Intensität von -38,0 dB bezogen auf das Hauptmaximum. Hierbei muss allerdings analog zu Bild 3.3 berücksichtigt werden, dass dieses Nebenmaximum durch eine konstruktive Überlagerung der Nebenmaxima zweier verschiedener Objekte zustande kommt. Außerhalb der Bereiche, in denen Nebenmaxima auftreten, ist lediglich ein schwaches Hintergrundrauschen sichtbar. Dieses wurde über einen großflächigen Bereich, der über den in Bild 4.4 gezeigten Ausschnitt hinausgeht, evaluiert. Der Mittelwert des Hintergrundrauschens beträgt -58,9 dB ($\mathrm{SNR}_{\mathrm{image}} = 58{,}9\,\mathrm{dB}$), der höchste Peak im Hintergrundrauschen liegt bei -48,4 dB (PSL = 48,4 dB). Bereits durch diese erste Messung wird deutlich, dass mit dem Demonstrator vergleichbare Ergebnisse wie in den Simulationen erzielt werden. Ebenfalls konnte bereits mit Hilfe dieser Messung gezeigt werden, dass die in den Simulationen ermittelte Differenz von ca. 11 dB zwischen mittlerer Dynamik und PSL (vgl. Bild 3.5) tatsächlich auch in einer realen Messung auftritt.

4.2.2 Verifikation des Prozessierungsgewinns

Um die absolute Höhe des Prozessierungsgewinns, der in Abschnitt 2.5.2 hergeleitet wurde, verifizieren zu können, müssen die technischen Daten des Demonstrators sowie die bei der Ausbreitung des Signals auftretende Dämpfung mit berücksichtigt werden. Da sich im Fall der Präsenz mehrerer Objekte das SNR nicht mehr eindeutig bestimmen lässt, wird diese Verifikationsmessung mit dem Trihedral-Reflektor als einzigem Referenzobjekt durchgeführt. Um mehrere Stichproben zu erhalten, wird dieser in drei verschiedenen Distanzen von $R = 4, 10, 20\,\mathrm{m}$ vom RadCom-System entfernt positioniert. Um das Rauschen auf ein insgesamt höheres Niveau anzuheben und präziser bestimmen zu können, wird für diese Messungen darüber hinaus auf den Einsatz des Verstärkers verzichtet. Die Messungen wurden wiederum im Freien durchgeführt. Für die beiden kürzeren Distanzen $R = 4, 10\,\mathrm{m}$ konnte eine Anordnung gefunden werden, in der die Reflexionen des Gebäudes im Hintergrund nicht auftreten. Die Messung für $R = 20\,\mathrm{m}$ wurde in einer ähnlichen Anordnung wie in Bild 4.3 gezeigt durchgeführt. In Bild 4.5 sind die resultierenden Radar-Bilder gezeigt. Da nun keine bewegten Objekte vorhanden sind, wird jeweils ein individuell normierter Schnitt durch das zweidimensionale Bild bei der relativen Geschwindigkeit null gezeigt. Um die Höhe des Rauschens evaluieren zu können, muss ein Bereich betrachtet werden, in dem keine Reflexionen mehr auftreten. Die Ergebnisse der Messungen werden deshalb hier

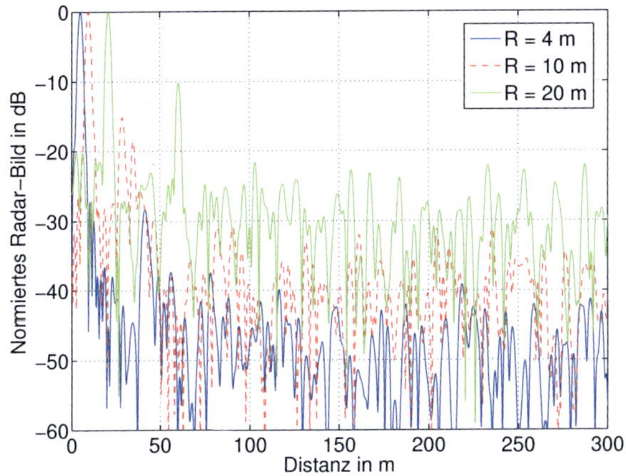

Bild 4.5: Gemessene Radar-Bilder mit einem Reflektor in verschiedenen Distanzen (individuell normiert)

über eine wesentlich größere Distanz dargestellt.

Der höchste Peak in jeder Messung entspricht jeweils der Position des Reflektors. Zusätzlich treten weitere Reflexionen aus dem Hintergrund und von der Straße auf. Für $R = 20\,\mathrm{m}$ gibt es auf Grund der veränderten Anordnung eine besonders starke weitere Reflexion durch das Gebäude im Hintergrund. Spätestens für eine Distanz von 100 m sind jedoch alle Reflexionen abgeklungen und es verbleibt ausschließlich Rauschen im Radar-Bild. Auf Grund der individuellen Normierung auf das Hauptmaximum steigt das Niveau des Rauschens mit zunehmender Distanz des Reflektors an. Für die Verifikation des Prozessierungsgewinns wird der Mittelwert des Hintergrundrauschens ab 100 m Distanz bis zum Ende des Eindeutigkeitsbereichs ermittelt. In die Berechnung gehen darüber hinaus die Sendeleistung ohne Verstärker von $P_{\mathrm{Tx}} = -17{,}6\,\mathrm{dBm}$ sowie die Kabeldämpfungen und die Antennengewinne nach Tabelle 4.1 ein. Mit Hilfe von Gleichung (2.35) wird unter Berücksichtigung dieser Werte sowie der jeweiligen Distanz die am Empfänger verfügbare Leistung P_{Rx} berechnet. Für die absolute Rauschleistung am Empfänger ergibt sich aus der Herstellerspezifikation von -143 dBm/Hz und der Signalbandbreite von $B = 93{,}1\,\mathrm{MHz}$ ein Wert von $P_{\mathrm{N}} = -63{,}3\,\mathrm{dBm}$. Der bei der Radar-Messung auftretende Prozessierungsgewinn G_p wird als die Differenz zwischen mittlerer Dynamik des gemessenen Radar-Bildes $\mathrm{SNR}_\mathrm{image}$ und dem SNR der Eingangssignale SNR_in berechnet. Der theoretisch erwartete Prozessierungsgewinn beträgt 54,2 dB (vgl. Tabelle 3.2) abzüglich des Verlustes von 2,7 dB durch das Hamming-Fenster, also $G_\mathrm{p} = 51{,}5$ dB. Die für die verschiedenen Distanzen ermittelten aus der Messung ermittelten Werte sind in Tabelle 4.2 zusammengefasst.

Tabelle 4.2: Verifikation des Prozessierungsgewinns

R in m	P_Rx in dBm	SNR_in in dB	$\mathrm{SNR}_\mathrm{image}$ in dB	Messung G_p in dB	Theorie G_p in dB
4	-59,1	4,2	47,0	42,8	51,5
10	-75,0	-11,7	38,9	50,6	51,5
20	-87,1	-23,8	28,1	51,9	51,5

Offensichtlich hängt der in der Messung tatsächlich verfügbare Prozessierungsgewinn von der Entfernung des Reflektors ab und weist bei kurzen Distanzen eine starke Reduktion auf. Diese Reduktion wird durch zwei Effekte verursacht. Erstens ist die Voraussetzung für Gleichung (2.35), dass sich die Antennen und das reflektierende Objekt gegenseitig im Fernfeld befinden, nicht erfüllt. Die Fernfeldbedingung setzt voraus, dass die Phase der einfallenden Kugelwelle über der Apertur der Antenne bzw. des Reflektors um maximal $\pi/8$ variiert [Bal05]. Damit erhält man für die Distanz, ab welcher die Fernfeldbedingung erfüllt ist

$$R \geq \frac{2D^2}{\lambda}, \tag{4.1}$$

wobei D die Größe der Apertur bezeichnet. Dies gilt sowohl für die einzelnen Antennen als auch für den Reflektor. Bei der durchgeführten Messung war der Reflektor deutlich größer als die Apertur der Antennen. Interpretiert man die Kantenlänge des Reflektors als Aperturgröße, dann ergibt sich mit $D = 30$ cm als Fernfeldbedingung $R \geq 14{,}4$ m. Darüber hinaus ergibt sich eine weitere Reduktion der empfangenen Signalleistung durch die Tatsache, dass die Sende- und Empfangsantenne räumlich versetzt in einem Abstand von ebenfalls ca. 30 cm positioniert sind. Der berechnete Radar-Rückstreuquerschnitt von $\sigma = 16{,}3\,\mathrm{dBm}^2$ gilt nur in Bezug auf die Reflexion zurück in Richtung der Sendeantenne. Erst ab einer gewissen Distanz des Reflektors wird der Winkelversatz zur Empfangsantenne vernachlässigbar. Dies erklärt die starke Distanzabhängigkeit der gemessenen Werte und insbesondere die starken Verluste für $R = 4$ m. Für die Messung bei $R = 20$ m kann davon ausgegangen werden, dass die volle Leistung nach Gleichung (2.35) empfangen wird. Tatsächlich liegt in diesem Fall der gemessene Prozessierungsgewinn sogar um 0,4 dB über dem theoretisch erwarteten Wert. Die Diskrepanz ergibt sich durch Unsicherheiten bei der Bestimmung der Charakteristika der Vielzahl der beteiligten Komponenten, wie z.B. Kabeldämpfungen, Antennengewinne, RCS des Reflektors, etc. Die erzielten Ergebnisse bestätigen, dass der theoretisch erwartete Prozessierungsgewinn tatsächlich in einer realen Messung erreicht wird. Gleichzeitig zeigen die Ergebnisse, dass im Fall kurzer Distanzen die reflektierte Leistung gegenüber dem aus Gleichung (2.35) erwarteten Wert eine deutliche Reduktion aufweist, so dass der für reale Messungen erforderliche Dynamikumfang geringer als theoretisch erwartet ist.

4.2.3 Einfluss der Quantisierungstiefe

Eine wichtige Frage für die praktische Implementierung des Konzepts besteht darin, welche Auflösung bei der Analog-zu-Digital-Wandlung im Sender und bei der Digitalisierung der Signale im Empfänger benötigt wird, um die optimale Leistungsfähigkeit erzielen zu können. Diese Größe bestimmt maßgeblich den Aufwand und somit die Kosten für die Implementierung eines geeigneten OFDM-Systems. Entsprechende Untersuchungen werden in Bezug auf eine reine OFDM-Kommunikation in [Eng02] vorgestellt. Dort wird unter anderem gezeigt, dass eine Begrenzung der Quantisierungsauflösung in zusätzlichem Rauschen resultiert sowie dass es praktisch unerheblich ist, ob die Auflösung am Sender oder am Empfänger begrenzt wird. Die folgenden Betrachtungen werden daher ausschließlich für eine limitierte Quantisierungsauflösung am Empfänger durchgeführt.

Vereinfacht kann davon ausgegangen werden, dass zur Realisierung einer bestimmten gewünschten Dynamik jeweils 1 bit pro 6 dB Dynamik aufgewendet werden muss [KK02]. Mit einer Quantisierungstiefe von 8 bit kann folglich zunächst nur ein Dynamikumfang in der Größenordnung von 48 dB erwartet werden. Bei dem entwickelten Verfahren tritt allerdings ein Prozessierungsgewinn auf, der möglicherweise dabei hilft, dieses Limit zu umgehen. Der Demonstrator eignet sich hervorragend dazu, die in der Praxis tatsächlich benötigte Auflösung zu ermitteln, indem die Verschlechterung des Radar-

Bildes bei einer Reduktion der Quantisierungstiefe beobachtet wird. Hierfür wurde wiederum in einer ähnlichen Anordnung wie in Bild 4.3 eine Messung mit dem Reflektor durchgeführt. Da in dieser Messung ein möglichst hohes SNR erwünscht ist, um das Niveau des thermischen Rauschens möglichst niedrig zu halten, wurde nun eine Distanz von $R = 9\,\mathrm{m}$ gewählt und zusätzlich der Verstärker eingesetzt. Das aufgenommene Empfangssignal im Basisband wurde anschließend gespeichert und mit verschiedenen Auflösungen requantisiert. Betrachtet werden im Folgenden die ursprüngliche durch den Empfänger gegebene Auflösung von 14 bit sowie die weiteren Quantisierungstiefen 8, 6, 4 bit. Auf das requantisierte Signal wird jeweils der Algorithmus zur Radar-Prozessierung angewendet. Ein Überblick über die mit den verschiedenen Auflösungen resultierenden Radar-Bilder ist in Bild 4.6 gezeigt.

Auf den ersten Blick ist lediglich im Fall einer Requantisierung mit 4 bit (Bild 4.6(a)) eine Verschlechterung des Radar-Bildes erkennbar. Diese äußert sich in einem leicht erhöhten Pegel des Hintergrundrauschens. Zusätzliche Scheinobjekte treten im Radar-Bild durch die Quantisierung jedoch nicht auf. Im Fall von 6 bit Auflösung (Bild 4.6(b)) kann im Vergleich mit 14 bit (Bild 4.6(d)) lediglich bei sehr genauer Betrachtung noch eine leichte Erhöhung des Rauschens ausgemacht werden. Die Bilder mit 8 bit (Bild 4.6(c)) und 14 bit sind praktisch identisch. Folglich erlaubt es der Prozessierungsgewinn des entwickelten Verfahrens tatsächlich, eine weitaus höhere Dynamik als durch die Quantisierungsauflösung der Basisbandsignale gegeben zu erreichen. Zu einer exakten Quantifizierung des auftretenden Qualitätsverlustes wird auch hier für jeden der betrachteten vier Fälle der Mittelwert des Hintergrundrauschens im Radar-Bild über einen großflächigen Bereich bestimmt. Im Folgenden wird außerdem angenommen, dass mit 14 bit Auflösung die optimale Leistungsfähigkeit erreicht wird. Der Implementierungsverlust auf Grund einer begrenzten Auflösung bei der Quantisierung ergibt sich somit aus der Differenz des gemessenen Hintergrundrauschens bei der betrachteten Quantisierungstiefe und der Intensität des Hintergrundrauschens der Messung mit 14 bit Auflösung. Die jeweils resultierenden Werte für die mittlere Dynamik und den Implementierungsverlust sind in Tabelle 4.3 zusammengestellt. Interessant ist an dieser Stelle insbesondere auch der Vergleich, welche Quantisierungstiefe im Fall der Kommunikationsanwendung in einem OFDM-System zur optimalen Decodierung der Information notwendig ist und welche Implementierungsverluste in Abhängigkeit der Auflösung in diesem Fall auftreten. Der in [Eng02] für die Kommunikationsanwendung ermittelte Implementie-

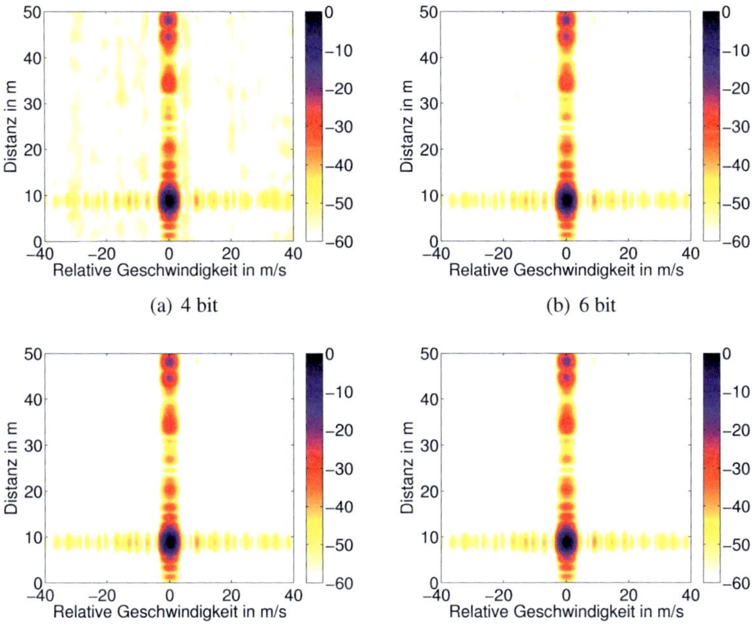

(a) 4 bit

(b) 6 bit

(c) 8 bit

(d) 14 bit

Bild 4.6: Radar-Bilder eines Reflektors mit Hintergrund für unterschiedliche Quantisierungstiefen der Basisband-Signale rungsverlust ist daher als Vergleichswert in Tabelle 4.3 angegeben. Entsprechende Werte sind nur für 6 bit und 8 bit Auflösung verfügbar und beziehen sich auf eine simulierte Übertragung mit QAM64-Modulation bei einer Bitfehlerrate von 10^{-5}.

Tabelle 4.3: Einfluss der Quantisierungstiefe des Basisband-Signals auf das Radar-Bild

Auflösung in bit	$\mathrm{SNR}_{\mathrm{image}}$ in dB	Impl.-Verlust Radar in dB	Impl.-Verlust Komm. in dB [Eng02]
4	59,0	9,8	-
6	67,0	1,8	2,3
8	68,7	0,1	0,1
14	68,8	-	-

Die ermittelten Werte zeigen, dass sich abgesehen vom Fall der 4 bit Quantisierung das Hintergrundrauschen nur in geringem Maß erhöht. Mit 6 bit Quantisierung tritt ein je nach Anwendung bereits tolerierbarer Implementierungsverlust von 1,8 dB auf, bei 8 bit Quantisierungstiefe ist der Implementierungsverlust mit 0,1 dB komplett vernachlässigbar. Folglich ist eine Auflösung von 8 bit bei der Analog-zu-Digital-Wandlung bereits ausreichend, um die optimale Leistungsfähigkeit des Verfahrens zu erreichen. Interessant ist auch der Vergleich mit dem für die Kommunikation in [Eng02] ermittelten Implementierungsverlust. Dort ergibt sich ein ähnlich hoher Verlust für die 6 bit Quantisierung und insbesondere wird auch dort mit 8 bit praktisch die optimale Leistungsfähigkeit erzielt. Somit kann festgehalten werden, dass das entwickelte Verfahren zur Durchführung von Radar-Messungen gleichwertige Anforderungen an die erforderliche Quantisierungstiefe wie eine reine Kommunikationsanwendung stellt. Ein klassisches OFDM-Kommunikationssystem kann folglich ohne Einschränkung der Leistungsfähigkeit auch zur Durchführung von Radar-Messungen mit dem modulationssymbol-basierten Prozessierungsverfahren eingesetzt werden.

Bild 4.7: Aufbau der Antennen auf dem Dach eines Kraftfahrzeugs

4.2.4 Messungen in einem realen Straßenverkehrsszenario

In Abschnitt 3.3.5 wurden bereits theoretische Abschätzungen bezüglich der in einem realen Straßenverkehrsszenario erzielbaren Leistungsfähigkeit präsentiert. Allerdings wurden hier mangels detaillierter Werte stark vereinfachte Annahmen bezüglich der auftretenden Radar-Rückstreuquerschnitte getroffen. Insbesondere die Höhe der in der Realität auftretenden Fluktuation der RCS-Werte ist weitgehend unklar. Um einen Eindruck von der Leistungsfähigkeit des entwickelten Konzepts in einem realen Straßenszenario zu bekommen und eine Demonstration der Funktionsfähigkeit einer praktischen Anwendung zu erbringen, wurde der Demonstrator in ein Kraftfahrzeug integriert und eine Testfahrt durchgeführt. Alle Geräte wurden dabei zusammen mit einem aus Autobatterien gespeisten 230V-Wechselrichter im Innenraum des Fahrzeugs untergebracht. Die Antennen wurden auf einem speziell modifizierten Dachgepäckträger montiert. Bei dieser Anordnung tritt nun über das Dach des Fahrzeugs eine messbare Kopplung zwischen den beiden Antennen auf, die tatsächlich im Radar-Bild sichtbar wird, aber dennoch so schwach ist, dass sie die Dynamik der Messung nicht beeinflusst. Ein Foto des Fahrzeugs mit der Antenneninstallation ist in Bild 4.7 gezeigt.

Bild 4.8: Beispielhaft betrachtetes Szenario mit sehr hoher Dynamik auf der Autobahn

Mit diesem Aufbau wurden Messungen in realen Straßenverkehrsszenarien durchgeführt. Dabei zeigte sich, dass die erzielbare Dynamik in allen vorgefundenen Szenarien ausreichte, um problemlos Objekte bis zu einer Distanz von mindestens 100 Metern detektieren zu können. Im Folgenden wird beispielhaft eine Messung betrachtet, in der durch eine sehr starke Reflexion eine besonders hohe Dynamik auftritt. Diese Messung wurde auf der Autobahn A5 nördlich von Karlsruhe aufgenommen. Ein mit einer Kamera aus dem Fahrzeug aufgenommenes Foto dieses Szenarios ist in Bild 4.8 zu sehen. Alle vorausfahrenden Fahrzeuge sind im Foto mit Nummern gekennzeichnet, um eine einfache Zuordnung zu ermöglichen. Die besonders starke Reflexion kommt durch den vorausfahrenden LKW (1) zustande, der sich in relativ geringer Distanz befindet und dessen ausgedehnte Rückwand frontal angestrahlt wird.

Das korrespondierende Radar-Bild ist in Bild 4.9 gezeigt. Die Normierung der Intensitätsskala ist nun absolut, wobei ein Wert von 0 dB einem Radar-Rückstreuquerschnitt von $\sigma = 0\,\mathrm{dBm}^2$ in einer Entfernung von 10 m entspricht. Die Normierung basiert auf einer Referenzmessung mit dem bereits bekannten Trihedral-Reflektor, bei der die Antennen auf dem Dach des Kraft-

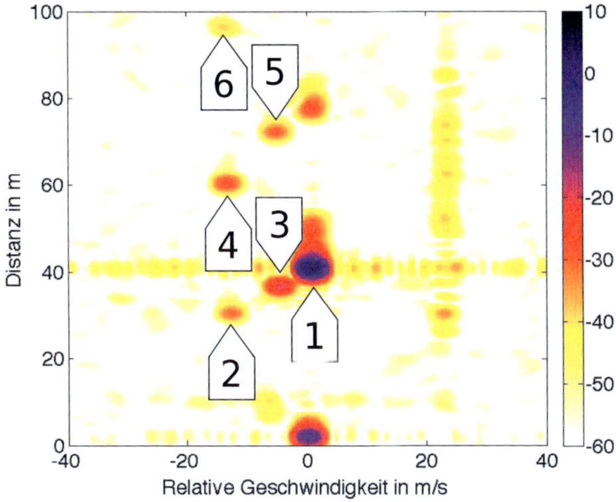

Bild 4.9: Radar-Bild für das Autobahn-Szenario in Bild 4.8

fahrzeugs montiert waren. Auch im gezeigten Radar-Bild sind die einzelnen durch die verschiedenen Fahrzeuge hervorgerufenen Peaks mit Nummern gekennzeichnet, so dass für den Leser eine einfache Zuordnung der Fahrzeuge zwischen dem optischen Bild und dem Radar-Bild ermöglicht wird. Zusätzlich tritt nun auf Grund der Kopplung über das Fahrzeugdach ein Peak bei Distanz und relativer Geschwindigkeit null auf. Wie direkt zu erkennen ist, werden alle vorausfahrenden Fahrzeuge klar sichtbar im Radar-Bild abgebildet. Beim Vergleich der beiden Bilder muss beachtet werden, dass das Radar-Bild mit einer geringen zeitlichen Verzögerung gegenüber dem optischen Bild aufgenommen wurde, so dass dort insbesondere die schnell fahrenden Fahrzeuge auf der linken Spur eine etwas größere Distanz als auf dem Foto in Bild 4.8 besitzen.

Die Intensität des vom LKW zurück reflektierten Signals im Radar-Bild ist mit 3,5 dB um über 22 dB höher als die zweitstärkste Reflexion, die von Fahrzeug Nummer 3 ausgeht und im Radar-Bild -19,2 dB beträgt. Rechnet man unter Berücksichtigung der Distanz die Intensität im Radar-Bild auf den Rückstreuquerschnitt zurück, so ergibt sich ein RCS-Wert für den LKW von $\sigma = 25{,}5\,\mathrm{dBm}^2$. Für das Fahrzeug Nummer 3, das sich in etwas geringerer Distanz als der LKW befindet, resultiert lediglich ein Wert von $\sigma = 1{,}4\,\mathrm{dBm}^2$. Die Differenz der RCS-Werte ist somit wesentlich größer als in Abschnitt 3.3.5 erwartet wurde. Der LKW reflektiert das Signal stärker als erwartet, das gewöhnliche Fahrzeug dagegen deutlich schwächer. Dies ist mit hoher Wahrscheinlichkeit dadurch begründet, dass der LKW im rechten Winkel aber das Fahrzeug stattdessen schräg angestrahlt wird. Das Fahrzeug befindet sich außerdem nicht in der Hauptstrahlrichtung der Antennen, was einen zusätzlichen Fehler hervorruft. Entsprechend werden auch die Kraftfahrzeuge auf der linken Spur noch schwächer abgebildet und ein Rückschluss auf deren RCS-Werte kann nicht mehr gezogen werden. Die Intensität der Kopplung zwischen Sendeantenne und Empfangsantenne liegt mit -7,7 dB im Radarbild mehr als 10 dB unter der Reflexion des LKW und beeinträchtigt folglich die Dynamik der Radar-Messung nicht. Das am schwächsten reflektierende Objekt ist das Fahrzeug Nummer 6, das sich in einer Distanz von knapp 100 m befindet. Dessen Intensität beträgt lediglich -38,4 dB und liegt somit um mehr als 40 dB unterhalb der stärksten Reflexion. Auf Grund des hohen Dynamikbereichs der Radar-Messung kann dieses Fahrzeug trotzdem noch problemlos im Radar-Bild erkannt werden. Der LKW wird interessanterweise nicht als einzelner Punkt sondern als ausgedehntes Objekt abgebildet. Dieser Effekt wurde in den Messungen regelmäßig für Objekte, die deutlich größer als die Distanzauflösung waren, beobachtet. Im Radar-Bild befindet sich bei einer Distanz von 80 m und der relativen Geschwindigkeit null ein weiterer Peak, der nicht einem Fahrzeug im Foto in Bild 4.8 zugeordnet werden kann. Vermutlich handelt es sich hierbei um ein Fahrzeug auf der rechten Spur, das durch den LKW verdeckt wird. Ein Überblick über die relativen Intensitäten aller sechs Fahrzeuge im Radar-Bild und deren zugehörige gemessene Distanz und relative Geschwindigkeit ist in Tabelle 4.4 gegeben. Die genauere Betrachtung der relativen Geschwindigkeiten zeigt, dass sich die Fahrzeuge auf der mittleren Spur ungefähr 5 m/s und diejenigen auf der linken Spur ungefähr 13 m/s schneller als die Fahrzeuge auf der rechten Spur bewegen. Interessant ist auch die Auswirkung der Reflexionen von der Straße und anderen feststehenden Objekten, wie z.B. der Leitplanke und Verkehrsschildern. Diese erscheinen als vertikale Linie bei einer Geschwindigkeit von ca. 23 m/s, die der absoluten Geschwindigkeit des Messfahrzeugs mit dem RadCom-System entspricht. Die mit dem entwickelten Verfahren gegebene vollständige Unabhängigkeit der Distanz- und Geschwindigkeitsmessung erweist sich in diesem Zusammenhang als sehr vorteilhaft, da die zahlreichen Reflexionen aus dem feststehenden Hintergrund eindeutig entlang der Geschwindigkeitsachse von den bewegten Objekten getrennt werden können und dadurch auch schwach reflektierende Objekte vor starken Reflexionen aus dem Hintergrund eindeutig detektiert werden können.

Tabelle 4.4: Intensitäten der Fahrzeuge im Radar-Bild

Fahrzeug Nr.	Intensität in dB	R in m	v_{rel} in m/s
1	3,5	41,1	1,0
2	-30,0	30,4	-12,6
3	-19,2	36,6	-4,4
4	-26,2	60,4	-13,3
5	-29,0	72,3	-5,2
6	-38,4	96,2	-13,5

Schon die direkte Betrachtung des Radar-Bildes zeigt, dass das Hintergrundrauschen auf einem ähnlich niedrigen Niveau wie in den vorangehenden Messungen liegt. Eine genaue Analyse der Werte ergibt, dass der relative Mittelwert des Hintergrundrauschens außerhalb des Bereichs, in dem Objekte liegen, -64,8 dB beträgt (entspricht $\mathrm{SNR}_{\mathrm{image}} = 64{,}8\,\mathrm{dB}$). Das relative Verhältnis zwischen dem stärksten Peak und dem höchsten Nebenmaximum, das nicht durch eine Reflexion verursacht wird, beträgt $\mathrm{PSL} = 54{,}3\,\mathrm{dB}$. Die Differenz zwischen den Spitzenwerten des Hintergrundrauschens und dessen Mittelwert beträgt auch hier wieder knapp 11 dB. Die vorhandene Dynamik reicht damit aus, um alle in dem Szenario vorhandenen Objekte bis zu einer Distanz von 100 m mit Sicherheit detektieren zu können. Berücksichtigt man zusätzlich, dass die Rauschzahl des verwendeten Empfängers extrem hoch ist, so kann davon ausgegangen werden, dass mit einer optimierten Implementierung eines derartigen RadCom-Systems in der Praxis noch eine deutlich höhere Leistungsfähigkeit der Radar-Messung erreicht werden kann.

Betrachtet man die Höhe der auftretenden Nebenmaxima, so ergibt sich für die Reflexion des LKW ein relativer Maximalwert der Nebenmaxima von -38,8 dB entlang der Geschwindigkeitsachse. Ähnlich wie bereits in Abschnitt 4.2.1 liegen auch hier die Nebenmaxima oberhalb des für das Hamming-Fenster theoretisch erwarteten Wertes von -43 dB. Auch hier erklärt sich diese Erhöhung dadurch, dass eine Überlagerung der Nebenmaxima mit den Hauptmaxima zusätzlicher Reflexionen, z.B. von feststehenden Objekten, auftritt. Da sich das am stärksten reflektierende Objekt nun mit einer relativen Geschwindigkeit gegenüber dem Hintergrund bewegt, können in dieser Messung auch die Nebenmaxima in Distanzrichtung analysiert werden. Diese sind in der Messung tatsächlich wesentlich schwächer ausgeprägt als im Fall der relativen Geschwindigkeit und erreichen maximal ein relatives Niveau von -44,8 dB bezogen auf das Hauptmaximum. Die gegenüber dem theoretisch erwarteten Wert von -43 dB leicht reduzierte Höhe ergibt sich dadurch, dass sowohl im Sender als auch im Empfänger der Amplitudengang nicht perfekt konstant ist, sondern zu den Rändern des belegten Frequenzbereichs hin leicht abfällt. Dadurch ergibt sich ein zusätzlicher Fensterungseffekt, der die Nebenmaxima weiter reduziert und gleichzeitig die Entfernungsauflösung geringfügig verschlechtert. Insgesamt beeinträchtigen die auftretenden Nebenmaxima die Qualität des Radar-Bildes nur minimal.

Die in dem realen Straßenverkehrsszenario durchgeführte Messung zeigt, dass das entwickelte Verfahren hinsichtlich der erzielbaren Auflösung geeignet ist, alle vorhandenen Objekte eindeutig zu lokalisieren, selbst wenn ein besonders stark reflektierendes Objekt wie in diesem Fall der LKW vorhanden ist. Darüber hinaus ist die verfügbare Dynamik so hoch, dass alle Objekte bis zu einer Distanz von 100 m oberhalb des Maximalwerts des Hintergrundrauschens im Radar-Bild erscheinen und somit sicher detektiert werden können. Auf Grund der extrem hohen Rauschzahl des im Demonstrator eingesetzten Empfängers kann davon ausgegangen werden, dass mit einer optimierten Implementierung eine noch deutlich höhere Leistungsfähigkeit bezüglich der Dynamik erreicht werden kann.

4.2.5 Einfluss der Wahl der Fenster-Funktion

Bislang wurde bei der Prozessierung der Simulations- und Messdaten stets ein Hamming-Fenster zusammen mit jeder Fourier-Transformation angewendet. Als Begründung hierfür wurde angegeben, dass dieses Fenster aus der Literatur für ein ausgewogenes Verhältnis zwischen Unterdrückung der Nebenmaxima und Verschlechterung der Auflösung bekannt ist. Ob dieses Fenster jedoch für die hier durchgeführten Radar-Messungen tatsächlich optimal geeignet ist, wurde bislang nicht untersucht. Diese Untersuchung wird nun im Folgenden basierend auf der zuvor in Abschnitt 4.2.4 gezeigten Messung auf der Autobahn durchgeführt.

Prinzipiell muss immer ein Kompromiss gefunden werden zwischen der Höhe der Nebenmaxima und der Verschlechterung der Auflösung. Die durch die Gleichungen (2.13) und (2.25) gegebenen Auflösungen werden nur mit einem Rechteckfenster erzielt, in diesem Fall sind die Nebenmaxima mit -13 dB allerdings nicht mehr tolerierbar. Neben dem Hamming-Fenster mit einer Nebenmaximadämpfung von 43 dB gibt es zahlreiche weitere populäre Fenster, die teilweise eine deutlich höhere Dämpfung der Nebenmaxima ermöglichen [Har78]. Als Alternativen werden im Folgenden das Blackman-Fenster mit einer Nebenmaximadämpfung von 58 dB sowie ein Chebyshev-Fenster mit einer Nebenmaximadämpfung von 100 dB in Betracht gezogen. Mit steigender Unterdrückung der Nebenmaxima reduziert sich zwangsläufig nicht nur die erzielbare Auflösung sondern auch der tatsächlich resultierende Prozessierungsgewinn, wodurch sich die mittlere Dynamik des Radar-Bildes verschlechtert. Um in der Praxis eine optimale Leistungsfähigkeit zu erzielen, sollte somit eine Fenster-Funktion gewählt werden, deren Nebenmaxima ungefähr in der Höhe der Spitzenwerte des Hintergrundrauschens liegen. Dadurch wird eine fälschliche Detektion der Nebenmaxima vermieden und die Auflösung und die Dynamik werden nicht unnötig verschlechtert. In der direkten Umgebung eines reflektierenden Objekts kann evtl. eine leichte Erhöhung der Nebenmaxima toleriert werden, da die innerhalb einer Entfernungszelle nach den Abschätzungen in Abschnitt 3.3.5 auftretende Dynamik maximal in der Größenordnung von 30 dB liegt. Um einen Eindruck von der Auswirkung der verschiedenen Fenster-Funktionen auf das resultierende Radar-Bild zu erhalten, werden die aus der in Bild 4.8 gezeigten Messung gewonnenen Rohdaten nochmals unter Verwendung der vier diskutierten Fenster-Funktionen neu prozessiert. Die so entstehenden Radar-Bilder sind in Bild 4.10 gezeigt. Alle Bilder sind nun wieder auf ihr jeweiliges Hauptmaximum normiert, um den SNR-Verlust bzw. die Erhöhung des Hintergrundrauschens besser sichtbar zu machen.

Bei der Prozessierung mit dem Rechteckfenster (Bild 4.10(a)) werden die Objekte zwar am schärfsten abgebildet, gleichzeitig treten jedoch extrem hohe Nebenmaxima auf, die eine Detektion schwächerer Objekt in der selben Distanz bzw. mit derselben relativen Geschwindigkeit praktisch unmöglich machen. Mit dem Hamming-Fenster (Bild 4.10(b)) sind die Nebenmaxima bereits stark gedämpft, im Gegenzug werden die Objekte deutlich weniger scharf abgebildet. Mit dem Blackman-Fenster (Bild 4.10(c)) sind in Entfernungsrichtung keine Nebenmaxima mehr sichtbar. Im Doppler tritt für die Reflexion des LKW dennoch eine schwache durchgehende Linie auf, die hier im Vergleich zum Hamming-Fenster allerdings weniger Intensität besitzt. Für die Existenz dieser schwachen Linie konnte keine stichhaltige Erklärung gefunden werden. Es kann vermutet werden, dass nichtlineare Verzerrungen der

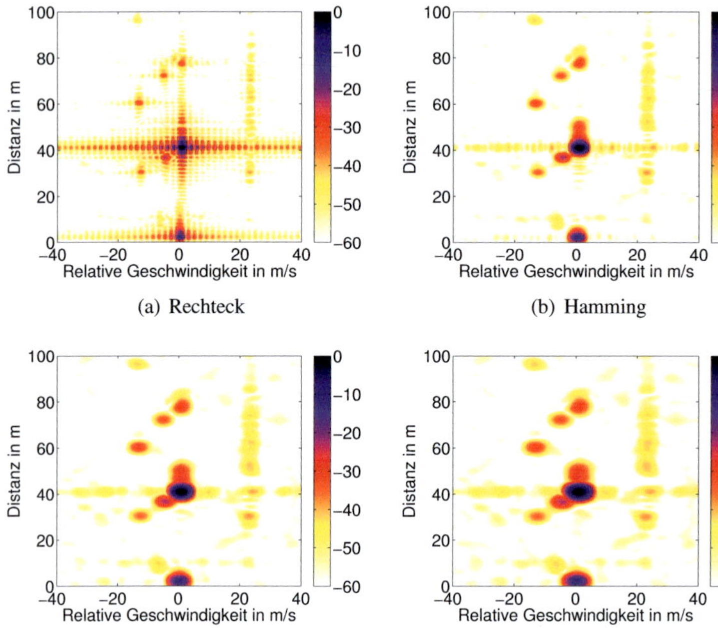

(a) Rechteck (b) Hamming

(c) Blackman (d) Chebyshev

Bild 4.10: Radar-Bilder für das Szenario in Bild 4.8 unter Anwendung verschiedener Fenster-Funktionen starken Reflexion die Ursache hierfür darstellen. Gleichzeitig verschlechtert sich mit dem Einsatz des Blackman-Fensters die Auflösung weiter. Der Übergang zum Chebyshev-Fenster (Bild 4.10(d)) bringt keine weitere Reduktion der Nebenmaxima sondern lediglich eine nochmalige Verschlechterung der Auflösung. Darüber hinaus ist beim Vergleich aller vier jeweils auf das Maximum normierten Bilder erkennbar, dass mit einer stärkeren Unterdrückung der Nebenmaxima der relative Pegel des Hintergrundrauschens ansteigt. Dies resultiert daher, dass bei der Anwendung einer Fenster-Funktion der effektive Prozessierungsgewinn und somit die Höhe des Hauptmaximums sinkt. Um die Verschlechterung der Auflösung und der mittleren Dynamik durch die Anwendung der Fensterung quantifizieren zu können, wurden für jedes der Radar-Bilder in Bild 4.10 die 3-dB-Breite der stärksten Reflexion in Distanz und relativer Geschwindigkeit sowie die mittlere Dynamik bestimmt. Die hierbei erzielten Ergebnisse sind in Tabelle 4.5 zusammengefasst. Für jede Fenster-Funktion wird zusätzlich die theoretische Höhe des höchsten Nebenmaximums angegeben.

Tabelle 4.5: Auswirkung der verwendeten Fensterung auf die Qualität des Radar-Bildes

Fenster	Neb.max. in dB	$R_{3\mathrm{dB}}$ in m	$v_{\mathrm{rel,3dB}}$ in m/s	$\mathrm{SNR}_{\mathrm{image}}$ in dB	Verl. in dB	PSL in dB
Rechteck	-13	1,61	1,97	66,8	-	56,2
Hamming	-43	2,22	2,71	64,8	2,0	54,3
Blackman	-58	2,82	3,36	63,0	3,8	52,8
Chebyshev	-100	3,02	3,70	62,0	4,8	52,3

Mit dem Rechteckfenster werden die in Tabelle 3.2 für die Auflösung angegebenen Werte tatsächlich in der Messung exakt erreicht. Allerdings ist das Rechteck-Fenster auf Grund der hohen Nebenmaxima in einer praktischen Anwendung nicht einsetzbar. Das Hamming-Fenster bietet wie erwartet einen sehr guten Kompromiss zwischen Höhe der Nebenmaxima und Reduktion der Auflösung. Dies wird auch bei der direkten Betrachtung von Bild 4.10(b) im Vergleich zu den anderen Bildern deutlich. Die 3-dB-Breite der abgebildeten Reflexion bzw. die Entfernungsauflösung verschlechtert sich von 1,61 m auf 2,22 m. Damit einher geht eine Reduktion des Prozessierungsgewinns, die sich in einem SNR-Verlust von 2 dB gegenüber der Messung mit dem Rechteckfenster äußert. Theoretisch würde sogar ein SNR-Verlust von 2,7 dB erwartet (vgl. Abschnitt 3.3.3). Da die Messung eine sehr hohe mittlere Dynamik aufweist, sind hier mit hoher Wahrscheinlichkeit Einflüsse aus Nichtidealitäten der eingesetzten Komponenten wirksam, die weiteres Hintergrundrauschen verursachen und somit die mittlere Dynamik zusätzlich limitieren. Die optische Betrachtung von Bild 4.10(b) lässt Nebenmaxima nur in direkter Nachbarschaft der Objekte erkennen. Da davon ausgegangen werden kann, dass die Intensität der Reflexionen von Objekten, die einen Abstand von nur wenigen Metern zueinander besitzen, maximal in der Größenordnung von 30 dB liegt, können die beim Hamming-Fenster vorhandenen Nebenmaxima von -43 dB in der Praxis toleriert werden. Die Voraussetzung hierfür ist, dass bei der Objektdetektion die bekannte Einhüllende der Nebenmaxima berücksichtigt wird, um eine fälschliche Detektion von Objekten aus den Nebenmaxima auszuschließen. Das Blackman- und das Chebyshev-Fenster erlauben eine weitere Reduktion der Höhe der Nebenmaxima. Gleichzeitig ist mit deren Anwendung jedoch eine deutliche weitere Reduktion der Auflösung verbunden und der SNR-Verlust steigt deutlich weiter an. Das PSL fällt analog zur mittleren Dynamik ab, die Reduktion ist in diesem Fall geringfügig schwächer, so dass das PSL im Fall des Chebyshev-Fensters nur noch knapp 10 dB unterhalb der mittleren Dynamik liegt. Für eine praktische Implementierung unter den Randbedingungen des 24 GHz ISM-Bandes bietet das Hamming-Fenster einen guten Kompromiss zwischen der Höhe der Nebenmaxima und der Verschlechterung der Auflösung und der Dynamik. Der Einsatz des Hamming-Fensters bei den zuvor durchgeführten Betrachtungen war somit gerechtfertigt. Alternativ können selbstverständlich auch beliebige andere Fensterfunktionen eingesetzt werden, die eine ähnlich hohe Dämpfung der Nebenmaxima ermöglichen.

4.2.6 Zusammenfassung der erzielten Messergebnisse

Mit dem aufgebauten Demonstrator konnte erfolgreich die Funktionsfähigkeit des entwickelten Verfahrens demonstriert werden. Gleichzeitig konnten wichtige Fragen bezüglich der praktischen Implementierung beantwortet werden. Bereits die erste Messung in Abschnitt 4.2.1 zeigte, dass

- Distanz und relative Geschwindigkeit der Objekte korrekt abgebildet werden und außer den durch die Fourier-Transformationen hervorgerufenen Nebenmaxima und dem Hintergrundrauschen keine weiteren Artefakte in den Radar-Bildern auftreten.
- die Spitzenwerte des Hintergrundrauschens dessen Mittelwert wie erwartet um maximal ca. 11 dB übersteigen.

In Abschnitt 4.2.2 wurde der Prozessierungsgewinn messtechnisch evaluiert. Hierbei zeigte sich, dass

- in realen Messungen der erwartete Prozessierungsgewinn im Rahmen der Messgenauigkeit exakt reproduziert werden kann.
- für kurze Entfernungen die tatsächlich reflektierte Leistung weit unterhalb des nach Gleichung (2.35) erwarteten Wertes liegt

In Abschnitt 4.2.3 wurde die für eine praktische Implementierung besonders wichtige Frage untersucht, welche Quantisierungstiefe bei der Analog-zu-Digital-Wandlung im Empfänger erforderlich ist, um die höchst mögliche Leistungsfähigkeit zu erzielen. Dabei konnte gezeigt werden, dass

- in einer realen Messung mit einer Auflösung von 6 bit eine leichte Anhebung des Hintergrundrauschen um knapp 2 dB erfolgt aber bereits bei einer Auflösung von 8 bit keine relevanten Qualitätsverluste mehr auftreten.
- für reine OFDM-Kommunikationssysteme ein vergleichbarer Implementierungsverlust auftritt und somit davon ausgegangen werden kann, dass alle OFDM-Systeme über eine entsprechende Auflösung verfügen und unverändert auch für Radar-Messungen eingesetzt werden können.

In Abschnitt 4.2.4 wurde das Ergebnis einer Messung in einem realen Straßenverkehrsszenario vorgestellt. Die hierbei gewonnenen Ergebnisse bestätigen, dass

- mit dem entwickelten Verfahren in realen Straßenverkehrsszenarien eine leistungsstarke Radar-Sensorik realisiert werden kann.
- selbst im Fall der Präsenz eines stark reflektierenden Objekts alle in dem betrachteten Szenario bis zu einer Distanz von 100 m vorhandenen Fahrzeuge sicher detektiert werden können.

- mit einem optimierten System mit deutlich reduzierter Rauschzahl im Empfänger in der Praxis Reichweiten von mindestens 200 m und mehr erwartet werden können (unter Annahme der R^4-Abhängigkeit wird durch eine Reduktion der Rauschzahl um 12 dB die maximale Reichweite verdoppelt).
- die vollständige Unabhängigkeit der Distanz- und Geschwindigkeitsmessung für praktische Anwendungen sehr hilfreich ist, da dadurch auch schwach reflektierende bewegte Objekte vor einem stark reflektierenden festen Hintergrund eindeutig detektiert werden können.

In Abschnitt 4.2.5 wurde schließlich die Leistungsfähigkeit des Verfahrens in einem realen Szenario unter Einbeziehung verschiedener Fenster-Funktionen bewertet. Dabei zeigte sich, dass

- eine sehr starke Unterdrückung der Nebenmaxima nicht nur mit einer deutlichen Verschlechterung der Auflösung sondern auch einer deutlichen Reduktion des Prozessierungsgewinns und damit der erzielbaren Dynamik einhergeht.
- eine Unterdrückung der Nebenmaxima auf eine Größenordnung zwischen 40 und 50 dB (z.B. durch ein Hamming-Fenster) für eine praktische Anwendung einen guten Kompromiss zwischen der Höhe der Nebenmaxima und der Verschlechterung der Auflösung und der mittleren Dynamik darstellt.

Die Ergebnisse der Messungen erlauben insgesamt betrachtet die Schlussfolgerung, dass unter den Vorgaben der 24 GHz ISM-Regulierung mit dem entwickelten Verfahren eine OFDM-basierte RadCom-Anwendung mit sehr hoher Leistungsfähigkeit realisiert werden kann.

5 Adaption des Verfahrens für Mehrnutzer-Umgebungen

Bei einem Einsatz von RadCom-Systemen in der intelligenten Verkehrstelematik erfüllt die Radar-Funktion sicherheitsrelevante Aufgaben und muss daher permanent und uneingeschränkt zur Verfügung stehen. In einem Mehrnutzer-Szenario, in dem mehrere RadCom-Systeme präsent sind, bedeutet dies:

- Alle RadCom-Systeme senden permanent und ohne Unterbrechung
- Alle RadCom-Systeme senden mit maximal zulässiger Sendeleistung

Folglich muss das einzelne RadCom-System in der Lage sein, auch unter dem Einfluss von Interferenz seine Funktionsfähigkeit aufrecht zu erhalten. Bei der Evaluierung des entwickelten Verfahrens in den vorangehenden Kapiteln konnte gezeigt werden, dass dieses Verfahren einen sehr hohen Prozessierungsgewinn bietet, der sowohl gegenüber Rauschen als auch gegenüber Interferenz durch andere gleichartige OFDM-Systeme wirksam ist. Diese Tatsache erlaubt prinzipiell bereits einen simultanen Einsatz mehrerer derartiger RadCom-Systeme im selben Frequenzbereich. Die auftretende Interferenz wird dann durch das Verfahren um die Höhe des Prozessierungsgewinns reduziert. Allerdings können in typischen Straßenverkehrsszenarien Situationen auftreten, in denen eine sehr starke Interferenz erwartet werden muss. Dies ist zum Beispiel der Fall, wenn zwei mit RadCom-Systemen ausgerüstete Fahrzeuge auf benachbarten Spuren in entgegengesetzter Richtung unterwegs sind. In diesem Fall wird das vom jeweils anderen Fahrzeug ausgesendete Signal über eine direkte Sichtverbindung sehr kurzer Distanz empfangen. Es ist davon auszugehen, dass die Leistung dieses Signals, welches aus Sicht der eigenen Radar-Anwendung eine störende Interferenz darstellt, um Größenordnungen höher ist als die Leistung der wieder empfangenen Reflexionen des eigenen Sendesignals. Dieser Unterschied ergibt sich daher, dass im Fall der Kommunikation lediglich eine $1/R^2$-Abhängigkeit für die empfangene Leistung besteht, aber die zurück reflektierte Leistung des eigenen Sendesignals der bereits betrachteten $1/R^4$-Abhängigkeit unterliegt. Diese Situation

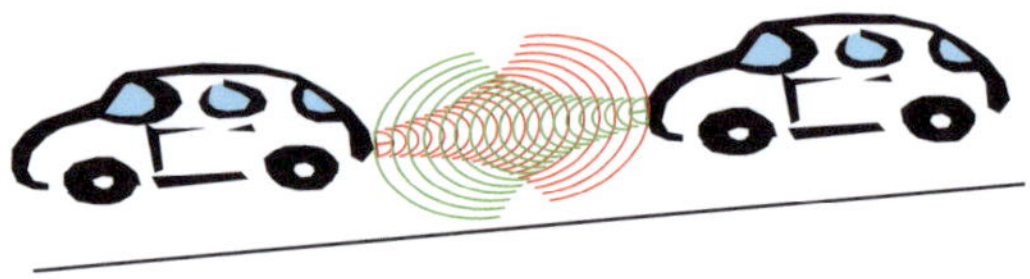

$$P_{\mathrm{Rx,Radar}} = \frac{P_{\mathrm{Tx,EIRP}} \cdot G_{\mathrm{Rx}} \cdot \lambda^2 \cdot \sigma_{\mathrm{RCS}}}{(4\pi)^3 \cdot R^4} \qquad P_{\mathrm{Rx,Com}} = \frac{P_{\mathrm{Tx,EIRP}} \cdot G_{\mathrm{Rx}} \cdot \lambda^2}{(4\pi)^2 \cdot R^2}$$

$$P_{\mathrm{interf}} = P_{\mathrm{Rx,Radar}} \frac{4\pi \cdot R^2}{\sigma_{\mathrm{RCS}}}$$

Bild 5.1: Vereinfachtes Interferenzszenario und empfangene Leistungen

und die für die empfangenen Leistungen wirksamen Zusammenhänge sind in Bild 5.1 grafisch veranschaulicht. Für die Kommunikationsanwendung ist es vorteilhaft, wenn das vom anderen Fahrzeug ausgesendete Signal eine höhere Leistung am eigenen Empfänger aufweist als das eigene Sendesignal, da dann die vom anderen Fahrzeug ausgesendete Nutzinformation fehlerfrei decodiert werden kann. Für die Radar-Anwendung kann sich in diesem Fall jedoch eine drastische Einschränkung der verfügbaren Dynamik bis hin zu einer völligen Funktionsunfähigkeit ergeben. Daher stellt sich die Frage, ob eine Möglichkeit existiert, bei der Radar-Prozessierung noch eine wesentlich bessere Unterdrückung der von anderen RadCom-Systemen ausgesendeten Signale zu gewährleisten.

In diesem Kapitel wird eine Weiterentwicklung des bisherigen RadCom-Systemkonzepts vorgestellt und analysiert, die für genau diese Problematik eine geeignete Lösung bietet. Diese Weiterentwicklung wurde erstmals in der Patentanmeldung [SZ11] beschrieben. Die Grundidee besteht in einer Modifikation der Sendesignale, als deren Ergebnis eine bestimmte Menge orthogonaler Signalformen entsteht, die dann den einzelnen Teilnehmern zugeteilt werden können. Dabei belegen die einzelnen Sendesignale weiterhin jeweils die vollständige Bandbreite, so dass die Leistungsfähigkeit bezüglich der Auflösung nicht beeinflusst wird. Im Folgenden werden zunächst gegebene Voraussetzungen diskutiert und die entwickelte Modifikation der Sendesignale vorgestellt. Danach wird die Leistungsfähigkeit bei Anwendung der modifizierten Signalform im Vergleich zur Nutzung eines klassischen OFDM-Signals theoretisch und durch Computersimulationen untersucht. Dabei wird insbesondere auch der Fall berücksichtigt, dass die Sendefrequenzen der verschiedenen Teilnehmer nicht perfekt synchronisiert sind. Die Anwendbarkeit der modifizierten Signalform und deren Leistungfähigkeit wird schließlich durch Messungen mit zwei simultan aktiven Sendern verifiziert. Die hierbei erzielten Ergebnisse werden anschließend auf ein reales Straßenverkehrsszenario projiziert und die in diesem Szenario bei der gleichzeitigen Aktivität mehrerer Nutzer erzielbare Leistungsfähigkeit ermittelt. Schließlich wird die Leistungsfähigkeit der modifizierten Signalform mit derjenigen einer klassischen codebasierten Nutzertrennung verglichen und zusammenfassend bewertet.

5.1 Modifikation der Sendesignalform zur Generierung orthogonaler Kanäle

Um eine optimale Interferenzunterdrückung bei gleichzeitiger Präsenz mehrerer RadCom-Systeme im selben Frequenzband erreichen zu können, müssen von den verschiedenen Teilnehmern Sendesignale eingesetzt werden, die orthogonal zueinander sind. Prinzipiell können orthogonale Signale durch eine Modulation des Sendesignals mit geeigneten Codes erzeugt werden [HK06]. Allerdings sind dann die Modulationssymbole fest vorgegeben und eine Übertragung beliebiger Nutzinformation im Sinne einer RadCom-Anwendung ist nicht möglich. Die Modifikation der Sendesignalform muss folglich in einer Weise vorgenommen werden, die die Orthogonalität unabhängig von der gesendeten Information garantiert. Bei der Modifikation der Sendesignalform muss gleichzeitig berücksichtigt werden, dass die Leistungsfähigkeit der Radar-Sensorik in Bezug auf die Distanz-Auflösung durch die gesamte Signalbandbreite bestimmt wird. Die vorgenommene Modifikation darf folglich die Bandbreite des Sendesignals nicht reduzieren, da ansonsten zwangsweise eine Reduktion der Leistungsfähigkeit resultieren würde.

Tatsächlich kann mit OFDM-Signalen eine begrenzte Menge orthogonaler Signale generiert werden, indem die inhärent gegebene Orthogonalität der Unterträger ausgenutzt wird. Die Orthogonalitätsbedingung in Gleichung (2.3) gibt vor, dass die Frequenzen der einzelnen Unterträger ein ganzzahliges Vielfaches der durch das Inverse der OFDM-Symboldauer gegebenen Grundschwingung betragen müssen. In OFDM-Systemen für die drahtlose Kommunikation werden alle aus dieser Bedingung resultierenden Unterträger genutzt, um die höchstmögliche spektrale Effizienz zu erreichen. Neueste Kommunikationsstandards, wie z.B. WiMAX, beinhalten zusätzlich Mehrfachzugriffsverfahren auf der Basis von OFDM, welche auch als *OFDMA* (Orthogonal Frequency Division Multiple Access) bezeichnet werden und die gesamte Menge an verfügbaren Unterträgern blockweise an verschiedene Nutzer zuteilen [KR02]. Prinzipiell müssen bei einer OFDM-Übertragung jedoch nicht alle verfügbaren Unterträger zusammenhängend belegt werden. Die Orthogonalität der restlichen Unterträger wird durch eine Deaktivierung einzelner bzw. mehrerer Unterträger nicht beeinflusst. Bei der Durchführung von Radar-Messungen mit dem entwickelten modulationssymbolbasierten Verfahren steht der Abstand der Unterträger nach Gleichung (2.12) in Bezug zur maximal messbaren Distanz. Beim Entwurf einer OFDM-basierten Radar-Anwendung kann folglich davon ausgegangen werden, dass innerhalb der für die gewünschte Auflösung erforderlichen Signalbandbreite lediglich so viele Unterträger belegt werden müssen, dass die gewünschte maximale Distanz gemessen werden kann. Die gesamte Bandbreite des Sendesignals sollte jedoch nicht verringert werden, um die Entfernungsauflösung nicht negativ zu beeinflussen. Durch die unvollständige Nutzung der Unterträger sinkt zwar die spektrale Effizienz einer simultanen Datenübertragung, gleichzeitig wird allerdings Freiraum innerhalb des durch das Signal belegten Spektrums geschaffen, der von anderen Nutzern ausgeschöpft werden kann.

Damit die Stützstellen der inversen Fourier-Transformation zur Bestimmung der Distanz in einem konstanten Abstand liegen, sollte die Deaktivierung der Unterträger nach einem regelmäßigen Schema erfolgen. Um eine größere Anzahl von Nutzern im selben Frequenzbereich interferenzfrei unterbringen zu können, muss jeder Nutzer eine Anzahl an Unterträgern deaktivieren, die wesentlich größer als die Zahl der tatsächlich genutzten Unterträger ist. Geht man davon aus, dass insgesamt durch eine derartige Deaktivierung von Unterträgern eine Anzahl von $N_{\mathrm{ch}} \ll N_{\mathrm{c}}$ orthogonalen Kanälen geschaffen werden soll, dann darf jeder Nutzer nur jeden N_{ch}-ten Unterträger belegen und muss die dazwischen liegenden $N_{\mathrm{ch}} - 1$ Unterträger stumm schalten. Die einzelnen Nutzer müssen dann jeweils um ein ganzzahliges Vielfaches des Unterträgerabstands Δf zueinander versetzt werden, um die Orthogonalität der einzelnen Signale zu gewährleisten. Das Verfahren zur Generierung der orthogonalen Kanäle ist in Bild 5.2 für drei verschiedene Nutzer bzw. Kanäle schematisch

dargestellt. Um eine einheitliche Nomenklatur beizubehalten, wird die Nummerierung der einzelnen Kanäle analog zu den Unterträgern und den OFDM-Symbolen ebenfalls mit 0 begonnen ($u = 0, ..., N_{\mathrm{ch}} - 1$). In Bild 5.2(a) ist zunächst ein klassisches OFDM-Signal, in dem alle Unterträger aktiv sind, abstrahiert im Frequenzbereich dargestellt. Die Modifikation dieses Sendesignals zur Generierung orthogonaler Kanäle ist für den beispielhaften Fall von Kanal $u = 0$ in Bild 5.2(b) gezeigt. In diesem Fall belegte der Teilnehmer lediglich die Unterträger $N_{\mathrm{c}} = 0, 3, 6, ...$ und schaltet die dazwischen liegenden Unterträger stumm. Analog würde Kanal $u = 1$ ausschließlich die Unterträger $N_{\mathrm{c}} = 1, 4, 7, ...$ sowie Kanal $u = 2$ ausschließlich die Unterträger $N_{\mathrm{c}} = 2, 5, 8, ...$ belegen. In Bild 5.2(c) ist schließlich das Spektrum des aus der Überlagerung der individuellen Sendesignale resultierenden Summensignals dargestellt. Jeder verfügbare Unterträger wird von genau einem Nutzer belegt und alle Unterträger jedes individuellen Nutzers weisen im Frequenzbereich einen konstanten Abstand zueinander auf.
Das aus Gleichung (2.1) hervorgehende modifizierte Sendesignal des Kanals u mit $u = 0, \dots, N_{\mathrm{ch}} - 1$ kann mathematisch beschrieben werden als

$$x(t) = \sum_{\mu=0}^{N_{\mathrm{sym}}-1} \sum_{n=0}^{N_{\mathrm{c,mod}}-1} d_{\mathrm{Tx}} \left(\mu N_{\mathrm{c,mod}} + n\right) \cdot \exp\left(j2\pi \left(u + nN_{\mathrm{ch}}\right) \Delta f t\right) \, \mathrm{rect}\left(\frac{t - \mu T}{T}\right). \tag{5.1}$$

Dabei bezeichnet $N_{\mathrm{c,mod}}$ die nach der Modifikation im Sendesignal des Kanals u verbleibende Anzahl an Unterträgern. Idealerweise sollte die Anzahl der Unterträger des vollständig belegten OFDM-Signals N_{c} ganzzahlig durch die Anzahl der Kanäle N_{ch} teilbar sein. In diesem Fall gilt für die Anzahl der Unterträger nach der Modifikation für alle Nutzer

$$N_{\mathrm{c,mod}} = \frac{N_{\mathrm{c}}}{N_{\mathrm{ch}}} \tag{5.2}$$

Unter der Voraussetzung, dass die einzelnen Nutzer in der Frequenz synchronisiert sind, sind deren Sendesignale perfekt orthogonal. Dieser Zusammenhang gilt unabhängig von der übertragenen Nutzinformation d_{Tx}, da die Orthogonalität inhärent durch die Signalform gegeben ist. Folglich können mit Hilfe dieser Modifikation der Signalform beliebige Nutzdaten übertragen werden, während gleichzeitig im selben Frequenzbereich mehrere orthogonale Kanäle zur Verfügung stehen. Das Sendesignal jedes Nutzers belegt

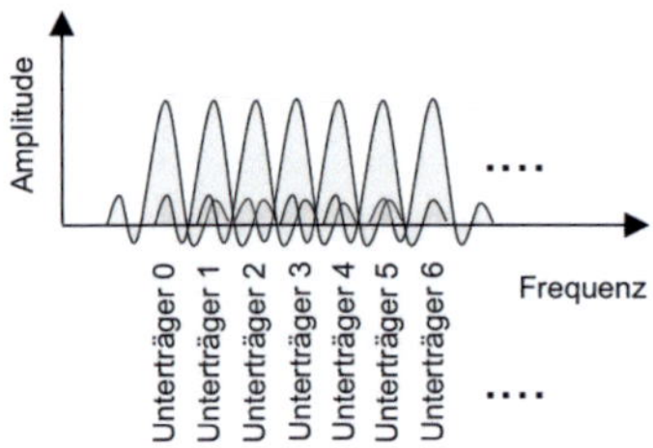

(a) Alle Unterträger aktiv

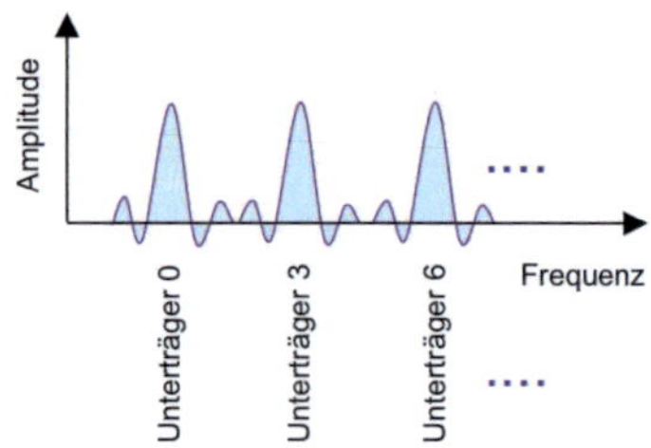

(b) Modifiziertes Sendesignal Kanal 0

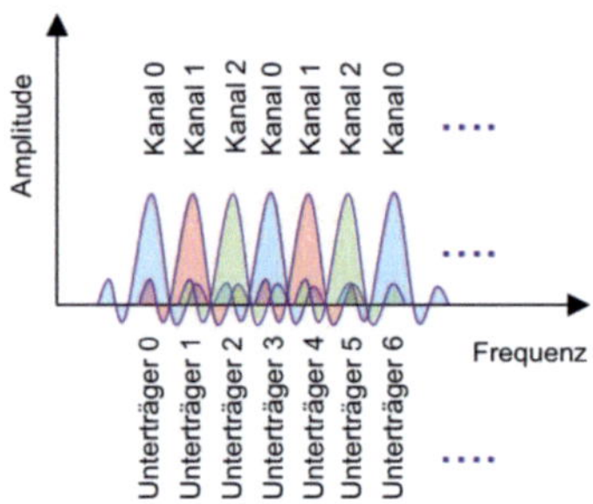

(c) Summensignal aus Überlagerung der Sendesignale aller Kanäle

Bild 5.2: Schematische Darstellung der Vorgehensweise zur Modifikation der Sendesignale dennoch unter der Voraussetzung $N_{\mathrm{ch}} \ll N_{\mathrm{c}}$ weiterhin praktisch die volle ursprüngliche Bandbreite. Damit steht eine Signalform zur Verfügung, die alle für einen Mehrnutzerbetrieb erforderlichen Voraussetzungen erfüllt.

5.2 Leistungsfähigkeit unter Anwendung der modifizierten Signalform

In den folgenden Abschnitten wird die Auswirkung der vorgeschlagenen Modifikation der Sendesignalform auf die bei einer Radar-Messung erzielbare Leistungsfähigkeit im Detail analysiert. Hierfür wird zunächst betrachtet, wie der Empfänger das modifizierte Signal prozessiert. Weiterhin werden der Einfluss auf die Distanz- und Geschwindigkeitsauflösung, den Prozessierungsgewinn, das Signal-zu-Rausch-Verhältnis sowie den Eindeutigkeitsbereich der Messung untersucht. Wichtige Fragen bestehen zudem darin, wie sich eine nicht perfekte Synchronisation der Sendefrequenzen und der Sendezeitpunkte der einzelnen Teilnehmer auf die Leistungsfähigkeit auswirkt sowie welche Quantisierungsauflösung für einen Mehrnutzerbetrieb erforderlich ist. Diese Fragen werden schließlich mit Hilfe von Computersimulationen beantwortet.

5.2.1 Theoretische Bewertung der Leistungsfähigkeit

Auch hier wird bei der Beschreibung der Prozessierung im Empfänger zunächst der ideale Fall ohne additives Rauschen angenommen. Das im Fall der Präsenz eines reflektierenden Objekts vom RadCom-System bei Aussendung der modifizierten Signalform empfangene Echo kann analog zu Gleichung (2.16) beschrieben werden als

$$\begin{aligned} y(t) = \sum_{\mu=0}^{N_{\mathrm{sym}}-1} \sum_{n=0}^{N_{\mathrm{c,mod}}-1} & a(\mu, n)\, d_{\mathrm{Tx}}\left(\mu N_{\mathrm{c,mod}} + n\right) \\ & \cdot \exp\left(j2\pi\left(u + nN_{\mathrm{ch}}\right)\Delta f\left(t - \frac{2R}{c_0}\right)\right) \\ & \cdot \exp\left(j2\pi\mu T_{\mathrm{OFDM}} \frac{2v_{\mathrm{rel}} f_c}{c_0}\right) \mathrm{rect}\left(\frac{t-\mu T}{T}\right). \end{aligned} \tag{5.3}$$

Die im Empfänger detektierten Modulationssymbole besitzen dann analog zu Gleichung (2.18) die folgenden Werte

$$\begin{aligned} d_{\mathrm{Rx}}(\mu N_{\mathrm{c,mod}}+n) = a(\mu,n)\, & d_{\mathrm{Tx}}(\mu N_{\mathrm{c,mod}}+n) \\ & \cdot \exp\left(-j2\pi\left(u+nN_{\mathrm{ch}}\right)\Delta f\frac{2R}{c_0}\right) \\ & \cdot \exp\left(j2\pi\mu T_{\mathrm{OFDM}}\frac{2v_{\mathrm{rel}}f_{\mathrm{c}}}{c_0}\right). \end{aligned} \tag{5.4}$$

Die Modifikation der Signalform beeinflusst lediglich den Term, der in Bezug zur Distanz R steht. Der Doppler-Term wird durch die Modifikation dagegen nicht verändert. Geht man davon aus, dass zur Prozessierung nach wie vor das zweidimensionale modulationssymbol-basierte Verfahren aus Abschnitt 2.5 eingesetzt wird, dann resultiert aus der komplexen Division in Gleichung (2.30) unverändert der in Gleichung (2.32) beschriebene Phasenterm k_D für die relative Geschwindigkeit. Dies bedeutet, dass die Bestimmung der relativen Geschwindigkeit identisch wie für das nicht modifizierte OFDM-Signal durchgeführt werden kann und bezüglich der größten eindeutig messbaren Geschwindigkeit sowie der Geschwindigkeitsauflösung die in Abschnitt 2.4 bereits hergeleiteten Zusammenhänge gelten. Dagegen wird jedoch der Phasenterm k_R in Gleichung (2.31), der aus dem Einfluss der Distanz des Objekts resultiert, durch die Modifikation der Signalform beeinflusst. Durch einen Vergleich von Gleichung (2.18) und Gleichung (5.4) erhält man folgendes Ergebnis für den Term $k_{R,\mathrm{mod}}$ bei Anwendung der modifizierten Signalform

$$\begin{gathered} k_{R,\mathrm{mod}}(n) = \exp\left(-j2\pi\left(u+nN_{\mathrm{ch}}\right)\Delta f\frac{2R}{c_0}\right), \\ n = 0,\ldots,N_{\mathrm{c,mod}}-1. \end{gathered} \tag{5.5}$$

Offensichtlich trägt der Nutzerindex u eine distanzabhängige Phase bei, die keine Abhängigkeit vom Unterträger-Index n besitzt. Gleichung (5.5) kann daher auch geschrieben werden als

$$k_{R,\mathrm{mod}}(n) = \exp\left(-j2\pi u\Delta f\frac{2R}{c_0}\right)\,\exp\left(-j2\pi nN_{\mathrm{ch}}\Delta f\frac{2R}{c_0}\right). \tag{5.6}$$

Der zweite Phasenterm in Gleichung (5.6) ist abhängig vom Unterträger-Index n und ähnelt sehr stark dem ursprünglichen Phasenterm k_R aus Gleichung (2.31) mit dem Unterschied, dass nun die Rotation der Phase um den

Faktor N_{ch} schneller erfolgt. Folglich kann für die Bestimmung der Distanz unverändert die Vorgehensweise über die inverse diskrete Fourier-Transformation nach Gleichung (2.9) beibehalten werden. Der vom Unterträger-Index n unabhängige Phasenterm $\exp\left(-j2\pi u\Delta f 2R/c_0\right)$ geht dabei nach dem Modulationssatz der DFT in eine Phasenmodulation des Ergebnisses über. Diese beeinflusst jedoch die Amplitude nicht und übt somit keinerlei Auswirkung auf das Ergebnis der Messung aus, da für eine Detektion von Objekten lediglich die Amplitude bzw. Intensität relevant ist. Auf Grund der schnelleren Drehung der Phase in $k_{R,\mathrm{mod}}$ muss sich offensichtlich die größte eindeutig messbare Distanz bei einer Anwendung der modifizierten Signalform um den Faktor N_{ch} reduzieren. Bei der Berechnung der inversen Fourier-Transformation muss gleichzeitig berücksichtig werden, dass auf Grund der Modifikation der Signalform nur noch $N_{\mathrm{c,mod}}$ Eingangswerte zur Verfügung stehen. Unter Anwendung der modifizierten Signalform tritt analog zu Gleichung (2.11) ein Peak im Ergebnis der inversen Fourier-Transformation unter folgender Bedingung auf:

$$k = \left\lfloor \frac{N_{\mathrm{ch}} 2R\Delta f N_{\mathrm{c,mod}}}{c_0} \right\rfloor, \; k = 0, \ldots, N_{\mathrm{c,mod}} - 1. \tag{5.7}$$

Berücksichtigt man den Zusammenhang zwischen N_{c}, $N_{\mathrm{c,mod}}$ und N_{ch} aus Gleichung (5.2), dann wird ersichtlich, dass die Ergebnisse in Gleichung (2.11) und Gleichung (5.7) identisch sind. Der Peak im Ergebnis der inversen diskreten Fourier-Transformation erscheint also an der selben Position unabhängig davon, ob ein klassisches OFDM-Signal oder die modifizierte Signalform eingesetzt wird. Der Abstand zwischen den einzelnen durch Gleichung (5.7) gegebenen Abtastpunkten des Distanz-Profils entspricht gleichzeitig der Distanzauflösung. Durch Einsetzen von $k = 1$ erhält man

$$\Delta R_{\mathrm{mod}} = \frac{c_0}{N_{\mathrm{ch}} 2\Delta f N_{\mathrm{c,mod}}} = \frac{c_0}{2\Delta f N_{\mathrm{c}}} = \frac{c_0}{2B}. \tag{5.8}$$

Somit konnte nun auch analytisch gezeigt werden, dass das modifizierte Sendesignal wie erwartet unter der Voraussetzung einer identischen Bandbreite B dieselbe Auflösung wie ein klassisches OFDM-Signal bietet. Ein anderes Resultat erhält man allerdings, wenn man die maximal messbare Distanz betrachtet. Wie auch in Gleichung (5.7) ersichtlich ist, läuft der Index k im Fall des modifizierten Sendesignals lediglich von 0 bis $N_{\mathrm{c,mod}} - 1$. Die größte eindeutig messbare Distanz $R_{\mathrm{u,mod}}$ ergibt sich durch Einsetzen von $k = N_{\mathrm{c,mod}}$ in Gleichung (5.7) zu

$$R_{\mathrm{u,mod}} = \frac{c_0}{2\Delta f N_{\mathrm{ch}}} = \frac{c_0 T}{2N_{\mathrm{ch}}}. \tag{5.9}$$

Die maximal messbare Distanz reduziert sich folglich beim Einsatz der modifizierten Signalform um den Faktor N_{ch}. Dies bedeutet für praktische Anwendungen, dass die Zahl der orthogonalen Kanäle N_{ch} nicht beliebig hoch gewählt werden kann, sondern immer ein Wert gewählt werden muss, der noch eine ausreichend große eindeutig messbare Distanz zulässt.
Nachdem nun die Auswirkung der Modifikation des Sendesignals auf die einzelnen Dimensionen Distanz und relative Geschwindigkeit betrachtet wurde, muss weiterhin geklärt werden, wie sich die Modifikation in Bezug auf die an die zweidimensionale Prozessierung geknüpften Größen Prozessierungsgewinn und Signal-zu-Rausch-Verhältnis auswirkt. Der Prozessierungsgewinn entspricht nach Abschnitt 2.5.2 dem Produkt der Längen der beiden diskreten Fourier-Transformationen. Da in der modifizierten Signalform die Anzahl der Modulationssymbole pro OFDM-Symbol auf $N_{\mathrm{c,mod}}$ reduziert ist, verringert sich auch der Prozessierungsgewinn entsprechend. Der Prozessierungsgewinn unter Anwendung der modifizierten Signalform beträgt

$$G_{\mathrm{p,mod}} = N_{\mathrm{c,mod}} N_{\mathrm{sym}} = \frac{G_{\mathrm{p}}}{N_{\mathrm{ch}}}. \tag{5.10}$$

Das RadCom-System kann für die Bereitstellung von orthogonalen Kanälen folglich im Gegenzug nicht mehr den vollen Prozessierungsgewinn bieten. Es muss an dieser Stelle jedoch ausdrücklich betont werden, dass der Prozessierungsgewinn $G_{\mathrm{p,mod}}$ sich auf den Gewinn gegenüber einem interferierenden Signal bezieht, das dieselbe spektrale Leistungsdichte wie das betrachtete Signal besitzt. $G_{\mathrm{p,mod}}$ beschreibt folglich nur den Prozessierungsgewinn gegenüber einem anderen Nutzer, der die modifizierte Signalform mit dem selben Kanal u verwendet, nicht jedoch den Prozessierungsgewinn gegenüber weißem Rauschen mit konstanter spektraler Leistungsdichte. Für den Fall der Nutzung desselben Kanals durch ein weiteres System, der im Folgenden als *Gleichkanalinterferenz* bezeichnet wird, ergibt sich also tatächlich ein reduzierter Prozessierungsgewinn. Sofern genügend Kanäle zur Verfügung stehen, kann allerdings davon ausgegangen werden, dass keine Gleichkanalinterferenz aufritt und die in diesem Fall auftretende Reduktion des Prozessierungsgewinns somit irrelevant ist.
Im Fall einer Überlagerung des Empfangssignals durch weißes Rauschen gilt jedoch ein anderer Zusammenhang. Unter der Annahme, dass die ge-

samte Sendeleistung nicht verändert wird, erhöht sich die jeweilige Leistung der genutzten Unterträger um den Faktor N_{ch}. Wenn der Empfänger nur die tatsächlich genutzten Kanäle auswertet, erhält er somit eine unveränderte Empfangsleistung in Bezug auf das klassische OFDM-Signal. Dagegen nimmt der Empfänger jedoch nur denjenigen Anteil an Rauschleistung wahr, der sich innerhalb der tatsächlich genutzten Unterträger befindet. Die im Bereich der stumm geschalteten Unterträger vorhandene Rauschleistung wird hingegen ausgeblendet. Die für das Rauschen wirksame Bandbreite beträgt folglich nur B/N_{ch}, während sich die Signalleistung nicht verändert. Die mittlere Dynamik des Radar-Bildes bei Anwendung der modifizierten Signalform ergibt sich damit analog zu Gleichung (2.38) zu

$$\begin{aligned}\mathrm{SNR}_{\mathrm{image,mod}} &= \frac{P_{\mathrm{Rx}} G_{\mathrm{p,mod}}}{P_{\mathrm{N}}} = \frac{P_{\mathrm{Tx,EIRP}} G_{\mathrm{Rx}} G_{\mathrm{p,mod}} \lambda^2 \sigma}{(4\pi)^3 R^4 \, k T_{\mathrm{abs}} (B/N_{\mathrm{ch}}) F} \\ &= \frac{P_{\mathrm{Tx,EIRP}} G_{\mathrm{Rx}} G_{\mathrm{p}} \lambda^2 \sigma}{(4\pi)^3 R^4 \, k T_{\mathrm{abs}} B F}.\end{aligned} \tag{5.11}$$

Dies entspricht dem Resultat für das klassische OFDM-Signal. Bezogen auf die unter einem gegebenen Eingangs-SNR erzielbare mittlere Dynamik tritt bei einer Nutzung der modifizierten Signalform folglich keine Reduktion der Leistungsfähigkeit auf, auch wenn der reduzierte Prozessierungsgewinn diese Annahme zunächst nahe legt. Dies bedeutet, dass sofern keine Gleichkanalinterferenz auftritt, mit der Anwendung der modifizierten Signalform mindestens dieselbe mittlere Dynamik wie mit der klassischen OFDM-Signalform erzielt wird.

Zusammenfassend kann festgehalten werden, dass durch die vorgeschlagene Modifikation der Sendesignalform lediglich zwei Parameter in Bezug auf die Leistungsfähigkeit der Radar-Messung beeinflusst werden. Dies ist zum einen die größte eindeutig messbare Distanz, welche sich um den Faktor N_{ch} reduziert. Folglich kann nur eine begrenzte Anzahl orthogonaler Kanäle generiert werden. Um die höchstmögliche Anzahl an Kanälen unterbringen zu können, muss bei der Parametrisierung des OFDM-Systems ein möglichst niedriger Wert für den Abstand der Unterträger Δf gewählt werden, so dass die mit dem klassischen OFDM-Signal maximal eindeutig messbare Distanz R_{u} möglichst groß wird. Insofern ist die Wahl des Unterträgerabstands Δf am unteren Limit des möglichen Bereichs in Abschnitt 3.1.3 auch unter dem Gesichtspunkt einer Mehrnutzeranwendung auf Basis der modifizierten Signalform optimal. Der zweite durch die Modifikation der Signalform beeinträchtigte Parameter ist der Prozessierungsgewinn in Bezug auf eine Gleichkanalinterferenz, der sich ebenfalls um den Faktor N_{ch} reduziert. Hierbei muss allerdings berücksichtigt werden, dass der Fall einer Gleichkanalinterferenz überhaupt nur dann eintritt, wenn auf einem begrenzten räumlichen Gebiet mehr Teilnehmer simultan aktiv sind, als Kanäle zur Verfügung stehen, oder die Kanalzuteilung fehlerhaft ist. Andernfalls ermöglicht die Orthogonalität der verschiedenen Kanäle einen parallelen Betrieb aller Systeme mit keiner bzw. sehr geringer Interferenz. Der Einfluss der Modifikation der Signalform auf die einzelnen Parameter ist in Tabelle 5.1 noch einmal als Übersicht zusammengefasst.

Tabelle 5.1: Einfluss der Modifikation der Signalform auf die Leistungsfähigkeit der Radar-Prozessierung

Symbol	Bezeichnung	Veränderung
ΔR	Entfernungsauflösung	unverändert
$R_{\mathrm{u,mod}}$	Größte eindeutig messbare Distanz	red. Faktor N_{ch}
Δv_{rel}	Auflösung relative Geschwindigkeit	unverändert
$v_{\mathrm{rel,u}}$	Größte eind. messb. rel. Geschwindigkeit	unverändert
$G_{\mathrm{p,mod}}$	Prozessierungsgewinn (Gleichkanal)	red. Faktor N_{ch}
$\mathrm{SNR}_{\mathrm{image}}$	Mittlere Dynamik (bez. auf Rauschen)	unverändert

5.2.2 Parametrisierung der modifizierten Signalform und Modifikation des Simulationsmodells

Bevor detaillierte Simulationen durchgeführt werden können, müssen zuerst die modifizierte Signalform vollständig parametrisiert und das Simulationsmodell entsprechend angepasst werden. Da alle äußeren Randbedingungen unverändert sind, werden als Ausgangsbasis die bereits in Abschnitt 3.1.3 für die klassische OFDM-Signalform gewählten Parameter zu Grunde gelegt. Für die Modifikation der Signalform muss dann nur noch eine geeignete Festlegung für die Anzahl der Kanäle N_{ch} getroffen werden. Aus Gleichung (5.9) ergibt sich für $N_{\mathrm{ch}} = 8$ unter Berücksichtigung der übrigen Systemparameter aus Tabelle 3.2 eine größte eindeutig messbare Distanz von $R_{\mathrm{u,mod}} = 206{,}3\,\mathrm{m}$. In Abschnitt 3.1.1 wurde bereits angenommen, dass auf

Grund der hohen Ausbreitungsdämpfung maximal Objekte bis zu einer Distanz von $R_{\mathrm{max}} = 200\,\mathrm{m}$ detektiert werden können. Legt man diese Annahme auch hier zu Grunde, so stellt $N_{\mathrm{ch}} = 8$ eine perfekte Wahl dar, da damit gleichzeitig die Bedingung erfüllt wird, dass die Anzahl der Unterträger des nicht modifizierten OFDM-Signals N_{c} ganzzahlig durch die Anzahl der Kanäle N_{ch} teilbar ist. Alle Parameter der damit resultierenden modifizierten Signalform sowie die Daten zu deren Leistungsfähigkeit sind in Tabelle 5.2 zusammengefasst. Die Anzahl der ausgewerteten OFDM-Symbole N_{sym} ist, wie bereits beim nicht modifizierten OFDM-Signal, eine variable Größe. Diese könnte theoretisch erhöht werden, um den reduzierten Prozessierungsgewinn in Bezug auf die Gleichkanalinterferenz ganz oder teilweise zu kompensieren. Um jedoch einen fairen Vergleich der Leistungsfähigkeit der modifizierten Signalform mit den bisherigen Ergebnissen zu gewährleisten, wird weiterhin für die Simulationen die Wahl $N_{\mathrm{sym}} = 256$ beibehalten.

Tabelle 5.2: Parametrisierung der modifizierten Signalform für das 24 GHz ISM-Band

Symbol	Bezeichnung	Wert
N_{c}	Anzahl Unterträger gesamt	1024
Δf	Abstand Unterträger	90,909 kHz
N_{ch}	Anzahl Kanäle	8
$N_{\mathrm{c,mod}}$	Anzahl Unterträger pro Nutzer	128
T	Elementare OFDM-Symboldauer	11 μs
T_{p}	Dauer Cyclic Prefix	1,375 μs
B	Gesamte Signalbandbreite	93,1 MHz
ΔR	Entfernungsauflösung	1,61 m
$R_{\mathrm{u,mod}}$	Größte eindeutig messbare Distanz	206,3 m
N_{sym}	Anzahl OFDM-Symbole (variabel)	256
Δv_{rel}	Auflösung rel. Geschwindigkeit (variabel)	1,97 m/s
$v_{\mathrm{rel,u}}$	Größte eind. messb. rel. Geschwindigkeit	252,5 m/s
$G_{\mathrm{p,mod}}$	Prozessierungsgewinn (Gleichkanal)	45,2 dB

Zur Durchführung von Computersimulationen wurde das bereits in Abschnitt 3.2 vorgestellte Simulationsmodell so modifiziert, dass anstatt des klassischen OFDM-Sendesignals die modifizierte Signalform nach Gleichung (5.1) erzeugt wird. Die Modifikation kann einfach implementiert werden, indem auf die stumm geschalteten Unterträger anstelle eines komplexwertigen Modulationssymbols d_{Tx} der Zahlenwert 0 moduliert wird. Darüber hinaus besteht jedoch an dieser Stelle die Möglichkeit, durch eine intelligente Implementierung den Rechenaufwand für die benötigten Fourier-Transformationen immens zu reduzieren. Stellt man sich die FFT als Baumstruktur vor, so wird klar, dass durch die Nullen die allermeisten Zweige entfallen und tatsächlich nur eine FFT der Länge $N_{\mathrm{c,mod}}$ berechnet und die Ergebnisse anschließend in der Phase gedreht und mehrfach aneinander gereit werden müssen. Im einfachsten Fall ist für Kanal 0 lediglich eine N_{ch}-fache Wiederholung des Ergebnisses erforderlich. Die Signalverarbeitung bei der Radar-Prozessierung im Empfänger wurde ebenfalls an die Gegebenheiten der modifizierten Signalform angepasst. Hier werden nun lediglich die zum eigenen Kanal u gehörigen Modulationssymoble ausgewertet, die übrigen Modulationssymbole werden verworfen.

In den folgenden Abschnitten werden Simulationsergebnisse bezüglich der Leistungsfähigkeit präsentiert, die mit dem modifizierten Simulationsmodell analog zur Vorgehensweise in Abschnitt 3.3.3 gewonnen wurden. Betrachtet wird jeweils die erzielbare mittlere Dynamik bzw. das Peak-to-Sidelobe Ratio in Abhängigkeit verschiedener Parameter. Im Gegensatz zu den bisherigen Simulationen werden hier nun jedoch zwei simultan aktive Teilnehmer simuliert, die die modifizierte Signalform mit den in Tabelle 5.2 angegebenen Systemparametern verwenden und dabei verschiedene Kombinationen der möglichen Kanäle belegen. Teilnehmer 1 sendet grundsätzlich auf Kanal $u = 0$ ein Signal aus, während Teilnehmer 2 in verschiedenen Simulationen die Kanäle $u = 0...4$ verwendet. Wenn beide Teilnehmer den Kanal $u = 0$ nutzen, entspricht dies dem Fall der Gleichkanalinterferenz. Wenn Teilnehmer 2 den Kanal $u = 4$ belegt, ist der maximale Abstand zwischen den von beiden Teilnehmern genutzten Trägern im Frequenzbereich erreicht. Die weiteren möglichen Fälle der Nutzung von $u = 5...7$ durch Teilnehmer 2 sind äquivalent zu der Nutzung der Kanäle $u = 1...3$ und müssen nicht gesondert untersucht werden. Das Sendesignal von Teilnehmer 1 durchläuft in der Simulation wieder das in Abschnitt 3.2 beschriebene Wellenausbreitungsmodell, wobei analog zu den Simulationen in Abschnitt 3.3.3 die Reflexion von einem einzelnen Objekt in der Distanz $R = 25\,\mathrm{m}$ mit relativer Geschwindigkeit 0 und einem Rückstreuquerschnitt von $\sigma = 10\,\mathrm{dBm}^2$ simuliert wird. Dem hieraus resultierenden Signal wird anschließend das Sendesignal von Teilnehmer 2 überlagert, wobei ein beliebiges Signal-zu-Interferenz-Verhältnis (SIR) vorgegeben werden kann. Weiterhin kann das Sendesignal von Teilnehmer 2 in der Zeit verzögert werden und die Trägerfrequenz von Teilnehmer 2 gegenüber derjenigen von Teilnehmer 1 verschoben werden. Die Bezeichnung *Interferenz* bezieht sich in den folgenden Diskussionen immer auf das Sendesignal von Teilnehmer 2. Das Summensignal beider Teilnehmer wird anschließend dem Radar-Prozessor von Teilnehmer 1 übergeben, welcher unter Einbeziehung der von Teilnehmer 1 gesendeten Information ein Radar-Bild berechnet. Diesem Radar-Bild werden analog zu Abschnitt 3.3.3 unter dem Einsatz eines Rechteckfensters die mittlere Dynamik sowie das PSL entnommen, wobei die aus dem Rechteckfenster resultierenden Nebenmaxima nicht berücksichtigt werden.

Erste Simulationen mit Teilnehmer 1 ohne Interferenz zeigen, dass unter Anwendung der modifizierten Signalform Radar-Bilder entstehen, die identisch zu den mit dem klassischen OFDM-Signal gewonnenen Bildern sind. Auch das Verhältnis zwischen den Spitzenwerten des Hintergrundrauschens und dessen Mittelwert liegt unverändert bei ungefähr 11 dB. Da diese Bilder somit keine neue Information darstellen, wird auf ein explizites Beispiel verzichtet.

Im nächsten Schritt wird die unter dem Einfluss von Interferenz erzielbare mittlere Dynamik unter idealen Randbedingungen, d.h. perfekte Frequenz- und Zeitsynchronisation der beiden Teilnehmer, mit dem Simulationsmodell untersucht. Auf Grund der inhärenten Orthogonalität der Kanäle sollte die erzielbare mittlere Dynamik theoretisch unbegrenzt sein. Bereits in Abschnitt 3.3.4 zeigte sich jedoch, dass die mit dem Simulationsmodell erzielbare Dynamik auf Grund numerischer Ungenauigkeiten in der Praxis begrenzt ist. Die in den Simulationen unter Anwendung der modifizierten Signalform in Anhängigkeit des SIR erzielte mittlere Dynamik ist in Bild 5.3 dargestellt.

Abgesehen vom Fall der Gleichkanalinterferenz liefern die Simulationen für alle anderen Kanalkombinationen exakt identische Ergebnisse. Daher sind die Fälle der Interferenz von Kanal 1 bis 4 in Bild 5.3 durch eine gemeinsame Kurve dargestellt. In diesen Fällen ist die erzielbare mittlere Dynamik vollkommen unabhängig vom SIR am Eingang sowie dem Kanalabstand, von welchem die Interferenz ausgeht, und beträgt immer 93,1 dB. Im Fall der Gleichkanalinterferenz ergibt sich wie für die klassische OFDM-Signalform in der doppelt logarithmischen Betrachtung ein linearer Zusammenhang zwischen SIR und mittlerer Dynamik. Für $\mathrm{SIR} = 0\,\mathrm{dB}$ resultiert eine mittlere Dynamik von 45,2 dB und somit wie erwartet exakt der reduzierte Prozessierungsgewinn $G_{\mathrm{p,mod}}$. Die im Fall einer unterschiedlichen Kanalwahl gegebene vollständige Unabhängigkeit der mittleren Dynamik vom Eingangs-SIR

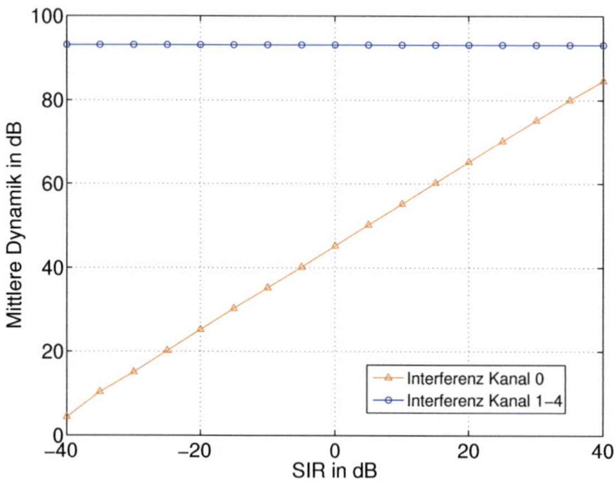

Bild 5.3: Erzielbare mittlere Dynamik bei Einsatz der modifizierten Signalform in Abhängigkeit des SIR unter dem Einfluss von Interferenz auf verschiedenen Kanälen für perfekte Frequenz- und Zeitsynchronisation, $N_{\mathrm{sym}} = 256$

zeigt, dass die Signale sich tatsächlich nicht gegenseitig beeinflussen und die Limitierung der mittleren Dynamik ausschließlich auf numerischen Ungenauigkeiten beruht. Die Reduktion des Limits der erzielbaren Dynamik gegenüber dem in Abschnitt 3.3.4 beobachteten Wert ergibt sich aus der Reduktion der Anzahl der Modulationssymbole, die in die Prozessierung einfließen. Unter idealen Voraussetzungen kann folglich durch den Einsatz der modifizierten Signalform tatsächlich in der Simulation eine sehr hohe Isolation erzielt werden, die fast 50 dB über dem Prozessierungsgewinn $G_{\mathrm{p,mod}}$ in Bezug auf die Gleichkanalinterferenz und immer noch fast 40 dB über dem Prozessierungsgewinn der klassischen OFDM-Signalform G_{p} liegt. Allerdings kann in einer praktischen Anwendung nicht davon ausgegangen werden, dass alle hier angenommenen Voraussetzungen erfüllt sind.

5.2.3 Einfluss nicht perfekter Frequenzsynchronisation

In den bisherigen theoretischen Betrachtungen wurde davon ausgegangen, dass die Sendefrequenzen der verschiedenen Teilnehmer perfekt synchronisiert sind und dadurch die Orthogonalität der Kanäle garantiert wird. Eine perfekte Frequenzsynchronisation kann in einer realen Anwendung jedoch nicht vorausgesetzt werden. Eine Synchronisation der Sender kann erreicht werden, indem die Teilnehmer ihre Sendefrequenz von einer gemeinsamen Referenz ableiten. Dies könnte in der Praxis ein großflächig verfügbares Signal wie zum Beispiel ein GPS-Satellitensignal oder ein Rundfunksignal sein. Entsprechende Verfahren existieren bereits und kommen z.B. für die Synchronisation bistatischer Radar-Systeme zum Einsatz [Wei04]. Für entsprechende kommerziell verfügbare Synchronisationsmodule wird eine relative Genauigkeit der Frequenz über eine Dauer von 100 s von $5 \cdot 10^{-12}$ angegeben [Mil11]. Bei einer Trägerfrequenz von 24 GHz entspricht dies einer Abweichung von lediglich 0,12 Hz. Alternativ müssten die einzelnen Teilnehmer mit sehr präzisen Oszillatoren ausgestattet werden. Allerdings ermöglicht ein derartiges Vorgehen lediglich eine Synchronisation der Sendefrequenzen. Falls sich jedoch die einzelnen Systeme relativ zueinander bewegen, wird allein auf Grund der dadurch verursachten Doppler-Verschiebung am Empfänger niemals eine perfekte Frequenzsynchronisation erreicht werden können.

Die erzielbare Genauigkeit bei der Frequenzsynchronisation wird in einer realen Anwendung also durch den Doppler-Effekt begrenzt. Im Folgenden wird zunächst derjenige Fall betrachtet, der sich im Fall der höchstmöglichen

Doppler-Verschiebung ergibt. In Abschnitt 3.1.1 wurde eine maximale relative Geschwindigkeit von $v_{\mathrm{rel,max}} = 200\,\mathrm{km/h}$ angenommen, woraus sich bei einer Trägerfrequenz von 24 GHz für die Radar-Anwendung eine maximale Doppler-Verschiebung von $f_{\mathrm{D,max}} = 8{,}9\,\mathrm{kHz}$ ergibt. Für das Sendesignal eines anderen Teilnehmers gilt dieser Wert jedoch nicht. Im Fall der Interferenz erfährt das störende Signal keine Reflexion und der Faktor 2 in Gleichung (2.14) ist somit nicht wirksam. Für die Interferenz ergibt sich daher lediglich eine maximale Doppler-Verschiebung von $f_{\mathrm{D,max,interf}} = 4{,}45\,\mathrm{kHz}$. In Bild 5.4 ist die mittlere Dynamik in Abhängigkeit des Signal-zu-Interferenz-Verhältnisses gezeigt, die im Fall einer Interferenz durch Teilnehmer 2 auf verschiedenen Kanälen mit einem Versatz der Trägerfrequenz von -4,45 kHz und $N_{\mathrm{sym}} = 256$ resultiert. Beide Teilnehmer senden dabei zeitsynchron. Der Frequenzversatz von Teilnehmer 2 wird negativ gewählt, da sich in diesem Fall der Abstand der genutzten Träger im Frequenzbereich verringert und dadurch mit einer stärkeren Beeinflussung als im Fall einer positiven Verschiebung gerechnet werden muss. In einer weiteren Simulation wurde der Einfluss von Rauschen auf die mittlere Dynamik bei Anwendung der modifizierten Signalform ermittelt. Dieser ist ebenfalls in Bild 5.4 dargestellt (in diesem Fall ist keine Interferenz vorhanden).

Im Gegensatz zu den unter idealen Bedingungen gewonnenen Ergebnissen (vgl. Bild 5.3) wird die erzielbare mittlere Dynamik nun sowohl durch das SIR am Eingang als auch durch den Kanalabstand beeinflusst. Die Kurven besitzen einen vergleichbaren Verlauf zu der Leistungsfähigkeit der klassischen OFDM-Signalform unter dem Einfuss von Rauschen (vgl. Bild 3.5). Die hier im Fall der Interferenz erzielbare mittlere Dynamik liegt jedoch um mehr als eine Größenordnung höher. Bei 93,1 dB tritt wieder die bereits beobachtete Limitierung auf. Betrachtet man die unter dem Einfluss von Rauschen resultierende Kurve, so wird deutlich, dass diese exakt der Kurve für $N_{\mathrm{sym}} = 256$ in Bild 3.5 entspricht. Liest man den Wert der unter dem Einfluss von Rauschen resultierenden Kurve in Bild 5.4 für $\mathrm{SNR} = 0\,\mathrm{dB}$ ab, so erhält man mit $\mathrm{SNR}_{\mathrm{image}} = 54{,}2\,\mathrm{dB}$ fast exakt den Wert des Prozessierungsgewinns G_{p} für die nicht modifizierte Signalform. Dies zeigt, dass bei der Anwendung der modifizierten Signalform gegenüber Rauschen, wie bereits in Abschnitt 5.2.1 theoretisch prognostiziert wurde, der volle ursprüngliche Prozessierungsgewinn G_{p} erzielt wird. Die im Fall von Rauschen resultierende Kurve in Bild 5.4 stellt folglich gleichzeitig die Referenz für die Leistungsfähigkeit der klassischen OFDM-Signalform dar.

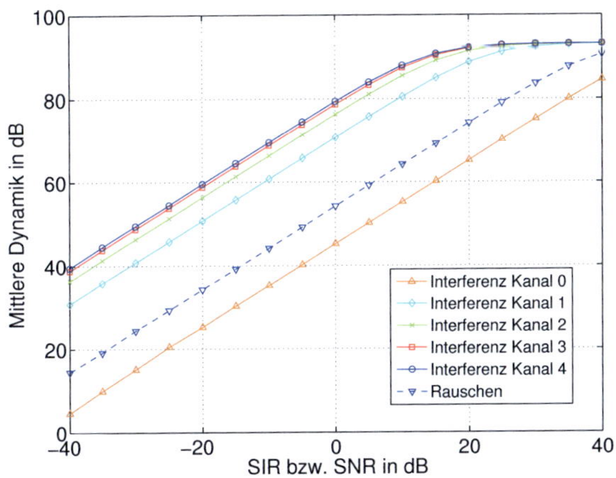

Bild 5.4: Erzielbare mittlere Dynamik bei Einsatz der modifizierten Signalform in Abhängigkeit des SIR unter dem Einfluss von Interferenz auf verschiedenen Kanälen für einen Frequenzversatz von -4,45 kHz von Teilnehmer 2 und $N_{\mathrm{sym}} = 256$, zeitsynchrone Aussendung

Für den Fall der Gleichkanalinterferenz ergibt sich unter dem Einfluss der maximalen Doppler-Verschiebung dasselbe Verhalten wie unter idealen Bedingungen (Bild 5.3). Für ein Signal-zu-Interferenz-Verhältnis von 0 dB zeigt auch Bild 5.4 in diesem Fall eine mittlere Dynamik von $\mathrm{SNR}_{\mathrm{image}} = 45{,}2\,\mathrm{dB}$ entsprechend dem für $G_{\mathrm{p,mod}}$ theoretisch erwarteten Wert. Bedeutend in Bezug auf die praktische Leistungsfähigkeit ist allerdings die Frage nach der Unterdrückung der Interferenz aus den Nachbarkanälen. Für den Fall, dass Teilnehmer 2 den nächstgelegenen Nachbarkanal mit der Nummer 1 nutzt, ergibt sich für den angenommenen Frequenzversatz für $\mathrm{SIR} = 0\,\mathrm{dB}$ eine mittlere Dynamik von $\mathrm{SNR}_{\mathrm{image}} = 70{,}7\,\mathrm{dB}$, welche direkt als Isolation zwischen den beiden Kanälen interpretiert werden kann. Somit wird durch die Anwendung der modifizierten Signalform selbst im Worst-Case, d.h. maximale Doppler-Verschiebung und nächstgelegener Nachbarkanal, gegenüber einem klassischen OFDM-Signal eine um 16,5 dB verbesserte Unterdrückung der Interferenz ermöglicht. Die Isolation zwischen den Kanälen steigt darüber hinaus mit wachsendem Kanalabstand auf bis zu fast 80 dB an. Einen Überblick über die aus Bild 5.4 jeweils für $\mathrm{SIR} = 0\,\mathrm{dB}$ entnommene Isolation im Fall der Nutzung verschiedener Kanäle durch Teilnehmer 2 zeigt Tabelle 5.3. Wird durch die Zuteilung von Kanal 4 an Teilnehmer 2 der maximal mögliche Kanalabstand ausgeschöpft, ergibt sich eine Verbesserung der Isolation um weitere 8,6 dB, so dass die zusätzliche Interferenzreduktion durch den Einsatz der modifizierten Signalform bei maximaler Doppler-Verschiebung dann sogar 25,1 dB beträgt.

Tabelle 5.3: Isolation zwischen den Kanälen bei Einsatz der modifizierten Signalform, Nutzung von Kanal 0 durch Teilnehmer 1, Frequenzversatz von Teilnehmer 2 von -4,45 kHz, zeitsynchrone Aussendung

Kanal Teilnehmer 2	1	2	3	4
Isolation in dB	70,7	76,2	78,6	79,3

Die in Tabelle 5.3 dargestellten Werte gelten für den Worst-Case in Bezug auf die Doppler-Verschiebung. Es kann jedoch davon ausgegangen werden, dass in vielen typischen Anwendungsszenarien, z.B. im innerstädtischen Straßenverkehr, deutlich niedrigere relative Geschwindigkeiten auftreten. Insbesondere für den Fall dichten Verkehrs, in dem viele Fahrzeuge auf engem

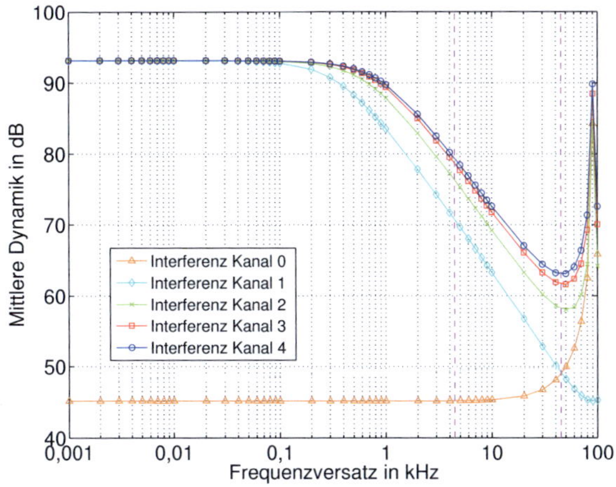

Bild 5.5: Mittlere Dynamik bzw. Isolation der Kanäle in Abhängigkeit des Frequenzversatzes für $\mathrm{SIR} = 0\,\mathrm{dB}$ und $N_{\mathrm{sym}} = 256$, zeitsynchrone Aussendung

Raum präsent sind und somit eine überdurchschnittlich hohe Interferenzleistung erwartet werden muss, bewegen sich die Fahrzeuge typischerweise mit vergleichsweise niedrigen Geschwindigkeiten. Daher wird nun der Einfluss des Frequenzversatzes auf die Isolation genauer betrachtet. Da die Simulationsergebnisse in Bild 5.4 bereits gezeigt haben, dass die mittlere Dynamik in dB abgesehen von der Limitierung bei 93,1 dB linear vom Signal-zu-Inferferenz-Verhältnis in dB abhängt, genügt es, diese Betrachtung für ein festes SIR vorzunehmen. Im Folgenden wird daher ein festes SIR von 0 dB zu Grunde gelegt, womit sich als Ergebnis der Simulationen direkt die Isolation zwischen den Kanälen ergibt. Unter dieser Vorgabe wird nun die erzielbare mittlere Dynamik bzw. die Isolation in Abhängigkeit des Frequenzversatzes ermittelt. Die Aussendung der Signale von beiden Teilnehmern erfolgt nach wie vor zeitsynchron. Der Frequenzversatz von Teilnehmer 2 wird wiederum in Richtung niedrigerer Frequenzen vorgenommen. Die erzielten Ergebnisse sind in Bild 5.5 gezeigt, wobei die Achse in Bezug auf den Frequenzversatz logarithmisch skaliert ist.

Im Fall der Gleichkanalinterferenz stellt sich weitgehend unabhängig vom Frequenzversatz der bereits bekannte Wert $\mathrm{SNR}_{\mathrm{image}} = G_{\mathrm{p,mod}} = 45{,}2\,\mathrm{dB}$ ein. Erst für sehr große Werte oberhalb von 10 kHz tritt eine Verbesserung der erzielbaren Dynamik ein. Im Gegensatz dazu zeigt sich, dass die Isolation zu den Nachbarkanälen tatsächlich entscheidend vom vorgegebenen Frequenzversatz abhängt. Bis zu einem Frequenzversatz von ungefähr 100 Hz limitieren die numerischen Ungenauigkeiten die erzielbare Dynamik auf 93,1 dB. Oberhalb von 100 Hz fällt die erzielbare Dynamik bzw. die Isolation mit zunehmendem Frequenzversatz ab. Insbesondere im Bereich ab 1 kHz, der einer Relativgeschwindigkeit von 40 km/h entspricht und damit viele reale Anwendungsszenarien repräsentiert, tritt ein besonders starker Abfall auf. Zwischen 1 kHz und der angenommenen Obergrenze von 4,45 kHz Frequenzversatz (linke gestrichelte Linie) reduziert sich die Isolation um ungefähr 10 dB. Demgegenüber hat der Abstand der Kanäle in diesem Bereich nur einen untergeordneten Einfluss auf die Isolation. Lediglich der Übergang vom direkten Nachbarkanal auf Kanal 2 bietet hier noch eine deutlich sichtbare zusätzliche Reduktion der Interferenz um ungefähr 6 dB. Eine weitere Erhöhung des Kanalabstands des Interferenzsignals bringt keine deutliche Verbesserung der Leistungsfähigkeit mehr.

Im für reale Anwendungen relevanten Bereich hat folglich die relative Geschwindigkeit einen höheren Einfluss auf die erzielbare Leistungsfähigkeit als die Wahl des Kanals. Bei moderaten relativen Geschwindigkeiten in der Größenordnung von 40 km/h (entsprechend 1 kHz Doppler) wird eine Isolation von mindestens 83,5 dB (Kanal 1) bzw. bei höherem Kanalabstand sogar von bis zu 89,8 dB erzielt. Bei der maximalen Doppler-Verschiebung von 4,45 kHz ergeben sich die bereits in Tabelle 5.3 aufgelisteten Werte. Verfolgt man den weiteren Verlauf der Kurven, so zeigt sich, dass auch eine gewisse Überschreitung der angenommenen maximalen relativen Geschwindigkeit von 200 km/h zu keinem abrupten Einbruch der Leistungsfähigkeit führt. Selbst im unwahrscheinlichen Fall eines Frequenzversatzes von 10 kHz (entsprechend einer relativen Geschwindigkeit von über 400 km/h) wird noch eine Isolation von mindestens 63,3 dB erzielt. Dieser Wert liegt immer noch fast 10 dB oberhalb des beim Einsatz eines klassischen OFDM-Signals erzielten Prozessierungsgewinns G_{p}. Durch die Wahl des entferntesten Kanals mit der Nummer 4 wird in diesem Extremfall mit 72,6 dB noch eine deutlich höhere Isolation erzielt. Das modifzierte OFDM-Signal erlaubt folglich selbst unter sehr hohen Doppler-Verschiebungen eine Reduktion der im Mehrnutzerbetrieb auftretenden Interferenz. In diesem Fall sollte die Kanalzuteilung in einer Weise vorgenommen werden, dass die Fahrzeuge mit den höchsten relativen Geschwindigkeiten einen möglichst hohen Kanalabstand erreichen. Interessant ist auch der weitere Verlauf der Kurven für einen noch höheren Frequenzversatz, auch wenn dieser Fall in der Praxis in einer Anwendung im Automobilbereich auf Grund einer Doppler-Verschiebung nicht auftreten kann. Die erzielbare mittlere Dynamik fällt mit zunehmendem Frequenzversatz immer weiter ab und erreicht schließlich ein Minimum bei einem Frequenzversatz von ungefähr 45 kHz (rechte gestrichelte Linie). Dieser Wert entspricht genau dem halben Unterträgerabstand $\Delta f/2$. Eine besondere Rolle nehmen bei diesem Frequenzversatz die beiden Fälle der Interferenz von Kanal 0 und Kanal 1 ein. Die beiden Kurven kreuzen sich an diesem Punkt und nehmen anschließend spiegelsymmetrisch den Verlauf der jeweils anderen Kurve ein. Dieser Effekt rührt daher, dass ab diesem Frequenzversatz eine zyklische Verschiebung der Kanäle eintritt. Dies bedeutet, dass für einen höheren Frequenzversatz Kanal 1 die Rolle der Gleichkanalinterferenz übernimmt und Kanal 0 zum direkten Nachbarkanal wird. Die anderen Kanäle mit einem höheren Kanalabstand streben für einen Frequenzversatz oberhalb 45 kHz wieder gegen den Maximalwert. Dieser wird für den Fall erreicht, dass der Frequenzversatz genau dem Unterträgerabstand Δf von 90,909 kHz entspricht. In diesem Fall sind die Kanäle wieder vollständig orthogonal, abgesehen von Kanal 1. In Bild 5.5 wird der Maximalwert für die Isolation von 93,1 dB für einen Frequenzversatz von genau Δf nicht vollständig erreicht, da auf Grund der logarithmischen Darstellung des Frequenzversatzes die Diskretisierung in der Simulation in diesem Bereich nicht mehr fein genug ist und das Maximum nicht exakt getroffen wird. Für eine weitere Erhöhung des Frequenzversatzes setzen sich die Kurven entsprechend periodisch fort, wobei immer ein wechselnder Kanal die Rolle der Gleichkanalinterferenz einnimmt.

5.2.4 Einfluss nicht perfekter Zeitsynchronisation

Bislang wurde davon ausgegangen, dass die Orthogonalität zwischen den Sendesignalen der verschiedenen Teilnehmer inhärent durch die Orthogonalität der einzelnen Unterträger gegeben ist, unabhängig davon, welche Information in die jeweilige Unterträgerphase codiert wird. Im Empfänger wird das OFDM-Signal im Modulationssymbol-Takt abgetastet. Die Frequenzen der einzelnen Unterträger entsprechen dabei einem ganzzahligen Vielfachen der durch das Inverse der OFDM-Symboldauer gegebenen Grundschwingung.

Dieser Zusammenhang garantiert, dass bei der diskreten Fourier-Transformation zur Rückgewinnung der Modulationssymbole im Empfänger kein Leckeffekt auftritt und die benachbarten Unterträger nicht interferieren. Hierbei liegt folglich die Annahme zu Grunde, dass die einzelnen Trägerschwingungen über die jeweils ausgewertete Zeitdauer (also die elementare OFDM-Symboldauer T) unverändert im Signal enthalten sind. Soll ein zweites überlagertes OFDM-Signal keine Interferenz verursachen, dann muss auch dieses Signal diese Bedingung erfüllen, d.h. die einzelnen Trägerschwingungen des interferierenden Signals müssen während der gesamten Auswertungsdauer T unverändert am Empfänger anliegen. Im Fall einer simultanen Informationsübertragung ergibt sich an dieser Stelle jedoch die Problematik, dass zur Codierung der Information die einzelnen Unterträgerphasen umgetastet werden müssen. Diese Umtastung erfolgt bei einer OFDM-Übertragung im Rhythmus der gesamten OFDM-Symboldauer T_{OFDM} inklusive Cyclic Prefix. Findet die Umtastung der Unterträgerphasen im interferierenden Signal während des Auswertezeitraums des Empfängers statt, dann sind die Schwingungen der einzelnen Unterträger nicht mehr stetig und es tritt ein Leckeffekt auf, d.h. bei der diskreten Fourier-Transformation im Empfänger wandert Leistung in die benachbarten Unterträger und die Orthogonalität der Signale ist zerstört. Dieser Effekt tritt auf, sobald die Zeitverzögerung des interferierenden Signals gegenüber dem Nutzsignal größer als die Länge des Cyclic Prefix ist. Dieser Zusammenhang in Bild 5.6 grafisch veranschaulicht.

Die Phasenumtastung auf den Unterträgern findet zu Beginn des OFDM-Symbols, also mit dem Beginn des Cyclic Prefix statt. Der Übergang der einzelnen Unterträger zwischen dem Cyclic Prefix und dem durch die IFFT aus den Modulationssymbolen gewonnenen Zeitsignal ist stetig (vgl. Abschnitt 2.1). Der Empfänger von Teilnehmer 1 verwirft bei der Radar-Prozessierung den zur Aussendung des eigenen Cyclic Prefix gehörigen Zeitabschnitt. Ausgewertet wird nur der Zeitabschnitt der Dauer T synchron zur Aussendung des durch die IFFT gewonnenen Zeitsignals. Sind die Aussendungen beider Teilnehmer zeitsynchron (Bild 5.6(a)), dann findet auch die Phasenumtastung gleichzeitig statt und es treten keine negativen Auswirkungen auf. Ist die Aussendung des Signals von Teilnehmer 2 um weniger als die Dauer des Cyclic Prefix T_{P} verzögert (Bild 5.6(b)), dann fällt die Phasenumtastung von Teilnehmer 2 in den Zeitbereich des Cyclic Prefix von Teilnehmer 1 und wird entsprechend vom Empfänger von Teilnehmer 1 nicht registriert. In diesem Fall sieht der Empfänger von Teilnehmer 1 nur stetige Unterträger und die Orthogonalität wird nicht beeinträchtigt. Ist die Zeitverzögerung der Aussen-

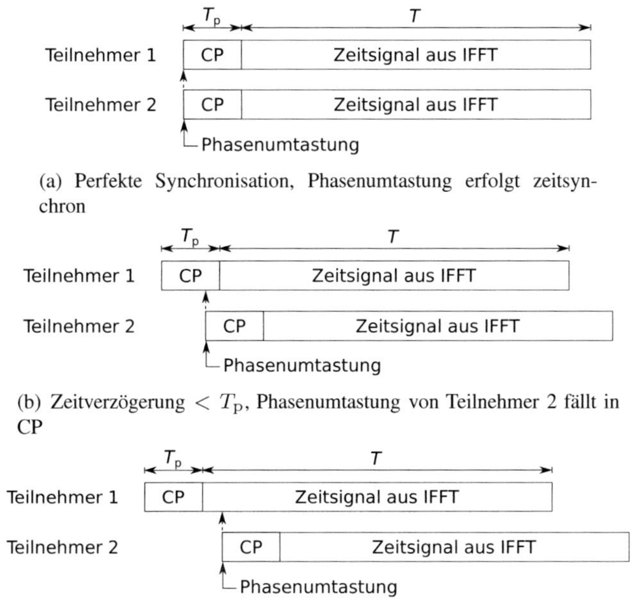

(a) Perfekte Synchronisation, Phasenumtastung erfolgt zeitsynchron

(b) Zeitverzögerung $< T_\mathrm{p}$, Phasenumtastung von Teilnehmer 2 fällt in CP

(c) Zeitverzögerung $> T_\mathrm{p}$, Phasenumtastung von Teilnehmer 2 fällt in Nutzsignal

Bild 5.6: Grafische Veranschaulichung verschiedener Zeitverzögerungen dung von Teilnehmer 2 jedoch größer als die Dauer des Cyclic Prefix (Bild 5.6(c)), dann fällt die Phasenumtastung von Teilnehmer 2 in das von Teilnehmer 1 ausgewertete Zeitintervall. In diesem Fall verursacht der Phasensprung einen Leckeffekt, der die Orthogonalität der Signale zerstört. Damit keine Interferenz zwischen den Teilnehmern auftritt, darf der Symboltakt des interferierenden Signals gegenüber dem Nutzsignal also um maximal die Dauer des Cyclic Prefix T_p verschoben sein.

Welchen Einfluss eine Zeitverschiebung des interferierenden Signals tatsächlich auf die erzielbare mittlere Dynamik ausübt, wurde mit Hilfe des Simulationsmodells untersucht. Hierbei wurde zunächst für den interferierenden Teilnehmer 2 der direkte Nachbarkanal $u = 1$ vorgegeben und die mittlere Dynamik für verschiedene Zeitverzögerungen des Sendesignals von Teilnehmer 2 bei gleicher empfangener Leistung der beiden Signale ($\mathrm{SIR} = 0\,\mathrm{dB}$) und $N_\mathrm{sym} = 256$ bestimmt. Das Ergebnis der Simulation ist in Bild 5.7 gezeigt. Die Zeitverzögerung auf der x-Achse ist dabei auf die elementare Symboldauer T normiert. Wie erwartet, kann die Orthogonalität bzw. die maximal erzielbare mittlere Dynamik von 93,1 dB lediglich bis zu einer Zeitverzögerung von $0{,}125\,T$ aufrecht erhalten werden. Diese Verzögerung entspricht genau der Dauer des Cyclic Prefix $T_\mathrm{p} = 1/8\,T$ (vgl. Tabelle 5.2). Für höhere Zeitverzögerungen nimmt die erzielbare mittlere Dynamik um schlagartig mehr als 20 dB ab und erreicht schließlich ein Minimum von nur noch 51,9 dB für den Fall, dass die Phasenumtastung des interferierenden Signals genau in der Mitte des Auswertezeitraums stattfindet (entsprechend einer Zeitverzögerung $T_\mathrm{p} + T/2 = 0{,}625\,T$). Im ungünstigsten Fall liegt die erzielbare mittlere Dynamik somit sogar knapp unterhalb des Prozessierungsgewinns der klassischen OFDM-Signalform G_p. Für höhere Zeitverzögerungen setzt die Kurve ihren Verlauf spiegelbildlich fort und erreicht nach der gesamten OFDM-Symboldauer $T_\mathrm{OFDM} = 1{,}25\,T$ wieder die sehr hohe Isolation von 93,1 dB. Bei dieser Zeitverzögerung sind die beiden Signale genau um eine gesamte OFDM-Symboldauer versetzt und die Phasenumtastung des interferierenden Signals erfolgt wieder zeitsynchron. Die Kurve setzt ihren Verlauf anschließend periodisch fort.

Erweitert man die Betrachtung vom direkten Nachbarkanal auf alle möglichen Kanalabstände $u = 0...4$ dann wird das resultierende Verhalten der erzielbaren mittleren Dynamik in Abhängigkeit der Zeitverzögerung noch deutlich komplexer. Das Resultat der entsprechenden Simulationen mit wiederum $\mathrm{SIR} = 0\,\mathrm{dB}$ und $N_\mathrm{sym} = 256$ ist in Bild 5.8 gezeigt. Für den Fall der Gleichkanalinterferenz verbessert sich die erzielbare Dynamik mit wachsen-

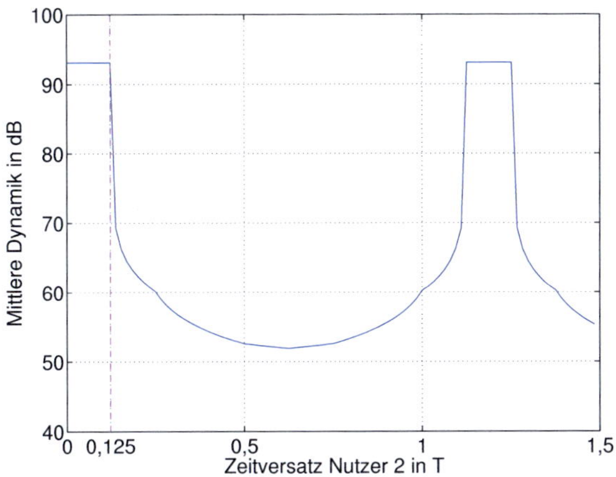

Bild 5.7: Mittlere Dynamik bzw. Isolation in Abhängigkeit der Zeitverzögerung von Teilnehmer 2 für $\mathrm{SIR} = 0\,\mathrm{dB}$, Frequenzsynchronisation, $N_{\mathrm{sym}} = 256$ und Nutzung von Kanal 1 durch Teilnehmer 2

der Zeitverzögerung leicht und erreicht ausgehend von $G_{\mathrm{p,mod}} = 45{,}2\,\mathrm{dB}$ ein Maximum von 48,2 dB für den Fall, dass die Phasenumtastung von Teilnehmer 2 genau in die Mitte des Nutzintervalls fällt (Zeitverzögerung $0{,}625\,T$). Besonders auffallend ist jedoch der Verlauf der Kurven für höhere Kanalabstände. So lange die Zeitverzögerung kleiner als die Dauer des Cyclic Prefix bleibt, sind unabhängig vom gewählten Kanal die Signale orthogonal bzw. es tritt lediglich die bekannte Limitierung des Dynamikbereichs von 93,1 dB auf. Ebenfalls unabhängig von der Kanalwahl tritt die abrupte Reduktion der erzielbaren mittleren Dynamik um über 20 dB auf, sobald die Zeitverzögerung die Dauer des Cyclic Prefix überschreitet. Im weiteren Verlauf zeigen die Kurven allerdings ein sehr unterschiedliches Verhalten. Im Fall von Kanal $u = 2$ erreicht die mittlere Dynamik im Anschluss an einen Rückgang auf bis zu 57,2 dB bereits für eine Zeitverzögerung von $0{,}625\,T$ wieder den Maximalwert von 93,1 dB. Der Verlauf der Kurve setzt sich anschließend zwischen $0{,}625\,T$ und $1{,}125\,T$ periodisch fort. Für $u = 3$ fällt die mittlere Dynamik nur noch bis auf 60,2 dB ab und erreicht im Anschluss an weitere lokale Maxima und Minima bei einer Verzögerung von $1{,}125\,T$ wieder den Maximalwert von 93,1 dB. Belegt der interferierende Teilnehmer 2 den Kanal $u = 4$ mit dem größtmöglichen Abstand im Frequenzbereich, dann treten sogar drei zusätzliche Hauptmaxima von jeweils 93,1 dB bei $0{,}375\,T$, $0{,}625\,T$ und $0{,}875\,T$ zwischen den Zeitpunkten der Aussendung des Cyclic Prefix auf.

Es stellt sich nun natürlich die Frage, wie die zusätzlichen Hauptmaxima für die Fälle der Nutzung der Kanäle $u = 2$ und $u = 4$ durch Teilnehmer 2 entstehen. Betrachtet man zunächst das resultierende Summensignal beider Teilnehmer für den Fall der Nutzung von Kanal 0 durch Teilnehmer 1 und Kanal 2 durch Teilnehmer 2, dann sind insgesamt die Unterträger $0, 2, 8, 10, 16, 18, ...$ belegt. Es werden also nur geradzahlige Unterträger genutzt. Verdoppelt man in einem OFDM-System den Unterträgerabstand, dann halbiert sich im Gegenzug auf Grund der Orthogonalitätsbedingung in Gleichung (2.3) die OFDM-Symboldauer. Wenn nur geradzahlige Unterträger belegt sind, dann unterscheidet sich das für ein OFDM-Symbol resultierende Zeitsignal nicht von demjenigen Zeitsignal, das für ein OFDM-System mit dem Unterträgerabstand $2\Delta f$ bei der Aussendung zweier OFDM-Symbole mit jeweils der Zeitdauer $T/2$ entstehen würde (ohne die Nutzung eines Cyclic Prefix). In diesem Fall sind die beiden Teilnehmer offensichtlich auch wieder synchron, falls die Zeitverschiebung genau der OFDM-Symboldauer, die in diesem Fall $T/2$ beträgt, entspricht. Es tritt daher kein Leckeffekt auf, selbst wenn die Unterträgerphasen bei $T/2$ umgetastet werden, und die Si-

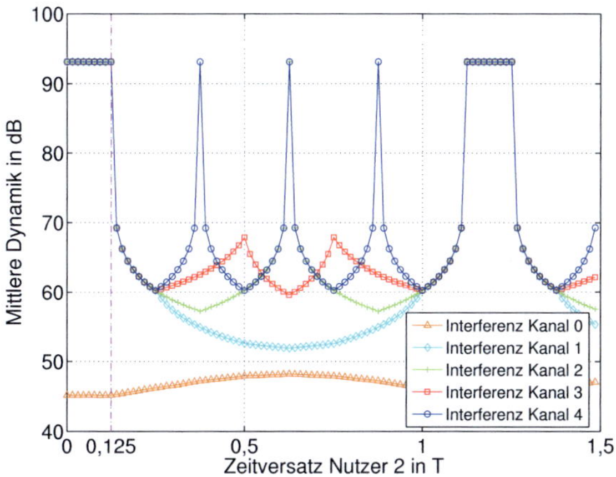

Bild 5.8: Mittlere Dynamik bzw. Isolation in Abhängigkeit der Zeitverzögerung von Teilnehmer 2 für SIR $= 0\,\text{dB}$, Frequenzsynchronisation, $N_{\text{sym}} = 256$

gnale sind auch für diesen Zeitversatz orthogonal. Im Fall der Nutzung von Kanal 3 durch Teilnehmer 2 kann die OFDM-Symboldauer nicht in mehrere Intervalle gleicher Länge unterteilt werden, da die gesamte Anzahl der Kanäle $N_{\text{ch}} = 8$ nicht ganzzahlig durch den Abstand der von den beiden Teilnehmern jeweils genutzten Unterträgern von 3 teilbar ist. Entsprechend stellen sich nur schwach ausgeprägte lokale Maxima ein. Sendet Teilnehmer 2 jedoch auf Kanal $u = 4$, dann besteht wieder ein ganzzahliges Teilerverhältnis. Betrachtet man das Summensignal der beiden Teilnehmer für diesen Fall, dann ist genau jeder vierte Unterträger belegt. Analog zu der Betrachtung für den Fall $u = 2$ entsteht hier nun ein Summensignal, das nicht unterscheidbar ist von einem OFDM-Signal mit einem Unterträgerabstand von $4\Delta f$ und einer OFDM-Symboldauer von $T/4$. Entsprechend erzeugt jede Zeitverschiebung um Vielfache von $T/4$ eine Konstellation, in der die Signale quasi synchron sind und trotz einer Phasenumtastung die Orthogonalität erhalten bleibt. Das in Bild 5.8 gezeigte Verhalten bezüglich der zusätzlich auftretenden Hauptmaxima gilt in dieser Form folglich nur unter der Voraussetzung $N_{\text{ch}} = 8$. Aus der für das Phänomen der zusätzlichen Hauptmaxima gefundenen Erklärung kann jedoch gefolgert werden, dass diese allgemein immer dann auftreten, wenn der Abstand der durch die beiden Teilnehmer genutzten Kanäle ein ganzzahliger Teiler der Anzahl der Kanäle N_{ch} ist.

Für die praktische Anwendung der modifizierten Signalform ergibt sich aus dem beobachteten Verhalten die Anforderung, dass die einzelnen Teilnehmer nicht nur in der Frequenz sondern auch zeitlich synchronisiert werden müssen, damit tatsächlich die gewünschte Orthogonalität bzw. sehr hohe Isolation erzielt werden kann. Ansonsten ist die erzielbare Isolation sehr stark reduziert und hängt sowohl von der tatsächlichen Zeitverschiebung als auch von der Kanal-Konstellation ab. Ohne Zeitsynchronisation wird bei einer Nutzung des direkten Nachbarkanals durch den interferierenden Teilnehmer im ungünstigsten Fall der Prozessierungsgewinn der klassischen OFDM-Signalform G_{p} sogar noch um wenige dB unterschritten (vgl. Bild 5.8). Kommt die Interferenz hingegen nicht vom direkten Nachbarkanal, dann beträgt die Isolation in nahezu allen Fällen mindestens 60 dB. Somit wird mit der modifizierten Signalform bei Vermeidung der Nutzung des direkten Nachbarkanals gegenüber der klassischen OFDM-Signalform ein Gewinn von mindestens 6 dB erzielt, selbst wenn die Signale nicht zeitsynchronisiert sind. Im Fall der Gleichkanalinterferenz tritt die höchste Isolation interessanterweise nicht dann auf, wenn die Signale zeitlich synchronisiert sind. Falls sich auf Grund einer zu hohen Nutzerdichte eine Gleichkanalinterferenz nicht vermeiden lässt, kann die Leistungsfähigkeit daher theoretisch durch eine gezielte Fehlsynchronisation um bis zu 3 dB gesteigert werden.

5.2.5 Einfluss der Quantisierungstiefe

Der Einfluss der Quantisierungstiefe des OFDM-Systems auf die Qualität des Radar-Bildes wurde für das klassische OFDM-Signal bereits in Abschnitt 4.2.3 untersucht. Dort erfolgte die Betrachtung allerdings ohne den Einfluss von Interferenz. Die Verschlechterung des Radar-Bildes beruht in diesen Untersuchungen ausschließlich auf dem durch den D/A- bzw. A/D-Wandler hinzugefügten Quantisierungsrauschen. Tritt jedoch am Empfänger eine Interferenz auf, deren Leistung höher als diejenige des erwünschten Signals ist, dann muss der A/D-Wandler im Empfänger auf den Pegel des Interferenzsignals ausgesteuert werden, um eine Übersteuerung zu vermeiden. Für die Quantisierung des erwünschten Signals stehen dadurch effektiv weniger Bits zur Verfügung. Auf die Anforderung an den Sender hat diese Tatsache keinen Einfluss, d.h. am Sender ist für die optimale Leistungsfähigkeit nach wie vor die in Abschnitt 4.2.3 ermittelte Auflösung von 8 bit erforderlich. Falls starke Interferenz auftritt, wird der Empfänger jedoch eine deutlich höhere Quantisierungstiefe besitzen müssen, um Radar-Messungen mit einer unveränderten Dynamik zu erlauben. Für eine Neubewertung der speziell am Empfänger bei Anwendung der modifizierten Signalform unter dem Einfluss von Interferenz erforderlichen Quantisierungstiefe wurden weitere Simulationen durchgeführt, in denen nun nur noch der Worst-Case einer Interferenz vom direkten Nachbarkanal betrachtet wird. Die beiden Teilnehmer sind in der Zeit und in der Frequenz synchronisiert. Das nach der Überlagerung der beiden Sendesignale entstehende Summensignal wird im Empfänger mit unterschiedlicher Auflösung quantisiert. Von Interesse ist die in Abhängigkeit der Auflösung erzielbare mittlere Dynamik für verschiedene SIR. Die Ergebnisse der Simulationen sind in Bild 5.9 gezeigt.

Die Simulationsergebnisse zeigen, dass unter dem Einfluss starker Interferenz zum Erreichen einer Dynamik in der Größenordnung von 70 bis 80 dB die bisher als optimal angenommene Auflösung von 8 bit am Empfänger nicht mehr ausreicht. Sofern die Interferenzleistung kleiner oder gleich der Nutzsignalleistung ist, liegen die Kurven nahe beieinander und die Limitierung resultiert hauptsächlich aus dem Quantisierungsrauschen. Für SIR-Werte kleiner 0 dB, die in Interferenzszenarien nicht unwahrscheinlich sind, tritt jedoch wie erwartet eine deutliche Reduktion der erzielbaren mittleren Dynamik auf, die

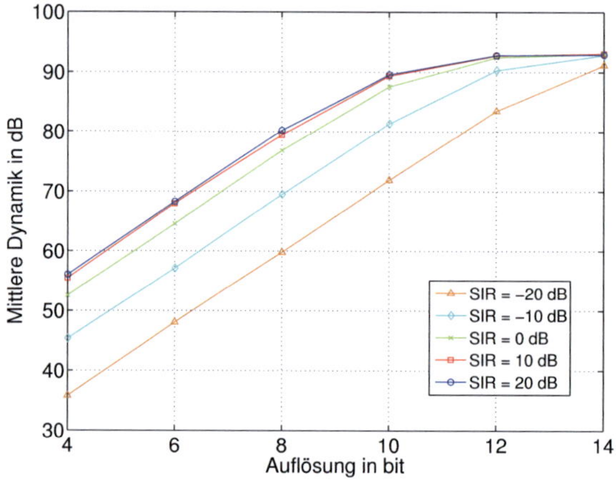

Bild 5.9: Mittlere Dynamik in Abhängigkeit der Quantisierungsauflösung für Interferenz vom direkten Nachbarkanal, $N_{\mathrm{sym}} = 256$, Zeit- und Frequenzsynchronisation

sich mit sinkendem SIR zunehmend verstärkt. Tatsächlich werden die weiteren Betrachtungen in Abschnitt 5.3.3 zeigen, dass in einem realen Anwendungsszenario ein SIR von -20 dB eine realistische Annahme darstellt. Um unter dieser Bedingung bei der Radar-Messung eine mittlere Dynamik in der Größenordnung von 80 dB erreichen zu können, wird am Empfänger eine Quantisierungsauflösung von mindestens 12 bit benötigt.

5.3 Messtechnische Verifikation mit mehreren Sendern

Nachdem die Leistungsfähigkeit der modifizierten Signalform durch Computersimulationen evaluiert wurde, soll wie bereits für die klassische OFDM-Signalform eine messtechnische Verifikation durchgeführt werden. In den folgenden Abschnitten wird zunächst eine geeignete Erweiterung des bisherigen Aufbaus zur Erzeugung und Überlagerung zweier Sendesignale der modifizierten Signalform vorgestellt. In einem weiteren Abschnitt werden die bei den Messungen erzielten Ergebnisse präsentiert. Schließlich werden die erzielten Ergebnisse auf das in Abschnitt 4.2.4 betrachtete reale Straßenszenario projiziert und die in diesem Szenario im Fall eines Mehrnutzerbetriebs erzielbare Leistungsfähigkeit ermittelt.

5.3.1 Aufbau eines modifizierten Mess-Systems

Damit zusätzlich das von einem zweiten Teilnehmer ausgesendete Signal erzeugt werden kann, werden ein zweiter Signalgenerator sowie ein weiterer Aufwärtsmischer benötigt. An diesem Punkt ergab sich nun das Problem, dass zwar ein zweiter Signalgenerator aber kein geeigneter zweiter Mischer zur Durchführung der Messungen verfügbar war. Es wurde daher die Entscheidung getroffen, die Verifikationsmessungen für den Mehrnutzerbetrieb nicht bei der geplanten Anwendungsfrequenz von 24 GHz sondern bei der mit den Signalgeneratoren maximal erzeugbaren Trägerfrequenz durchzuführen. Diese Vorgehensweise kann uneingeschränkt zur Verifikation der Simulationsergebnisse eingesetzt werden, da es zumindest in einem statischen Szenario unbedeutend ist, bei welcher Trägerfrequenz die Überlagerung der Signale vorgenommen wird. Die Übertragung und Überlagerung der Signale erfolgt bei den im Folgenden durchgeführten Messungen kabelgebunden, da sich in ersten Messungen unter dem Einsatz von Antennen herausstellte, dass in diesem Fall eine relativ hohe Unsicherheit bezüglich des tatsächlich vorhandenen Signal-zu-Interferenz-Verhältnisses besteht [Num09]. Die im Fall einer nicht perfekten Frequenzsynchronisation bzw. unter dem Einfluss des Doppler-Effekts auftretende Frequenzverschiebung kann in dem Aufbau einfach durch das Einstellen verschiedener Sendefrequenzen für die beiden Teilnehmer nachgestellt werden. Dabei kann dann unabhängig von der tatsächlichen Trägerfrequenz die im Falle einer Übertragung bei 24 GHz auftretende Doppler-Verschiebung vorgegeben werden.

Der Aufbau für die Durchführung der Messungen ist in Bild 5.10 schematisch dargestellt. Der bereits für den Aufbau des Demonstrators in Kapitel 4 verwendete Signalgenerator SMJ100A sowie der Signalanalysator FSQ26 kommen unverändert zum Einsatz und bilden zusammen Teilnehmer 1. Hier wird jedoch im Gegensatz zu dem Aufbau in Kapitel 4 kein weiterer Mischer nachgeschaltet, wodurch nun maximal eine Sendefrequenz von 6 GHz erreicht werden kann. Zur Nachbildung von Teilnehmer 2 wird ein weiterer Signalgenerator von Rohde&Schwarz eingesetzt. Dieser ist vom Typ *SMU200A* und weitgehend baugleich und bezüglich seiner Leistungsdaten identisch zum für Teilnehmer 1 verwendeten SMJ100A. Da kein zweiter entsprechend leistungsfähiger Signalanalysator zur Verfügung stand, besteht Teilnehmer 2 ausschließlich aus einem Sender und besitzt keinen eigenen Empfänger. Die beiden Sendesignale von Teilnehmer 1 und Teilnehmer 2 werden bei einer Trägerfrequenz von 5,9 GHz ausgegeben und danach mit Hilfe eines Streifenleitungskopplers überlagert. Die Ausgänge der beiden Signalgeneratoren werden dabei mit zwei typgleichen Kabeln von 1 m Länge mit den Eingängen des Kopplers verbunden, anschließend wird der eine Ausgang des Kopplers über ein 4 m langes Kabel mit dem Eingang des FSQ26-Empfängers verbunden und der zweite Ausgang mit 50 Ω terminiert. Die in den beiden Zweigen auftretende Übertragungsdämpfung wurde mit Hilfe eines Netzwerkanalysators gemessen und beträgt 8,2 dB bzw. 8,3 dB bei der Frequenz 5,9 GHz. Im Rahmen der Messgenauigkeit kann die Dämpfung folglich als identisch angenommen werden. Alle Geräte sind über eine gemeinsame 10 MHz-Referenz in der Frequenz und über ein Trigger-Signal in der Zeit synchronisiert. Darüber hinaus besitzen alle Geräte eine Ethernet-Verbindung zu einem Computer, auf dem eine modifizierte Version der bereits in Kapitel 4 verwendeten MatLab-Software läuft. Diese erzeugt nun für jeden Teilnehmer ein individuelles Signal der modifizierten Signalform, wobei der jeweils genutzte Kanal frei gewählt werden kann, und überträgt diese Signale in die Signalgeneratoren. Während der Aussendung der Signale wird das entstehende Sum-

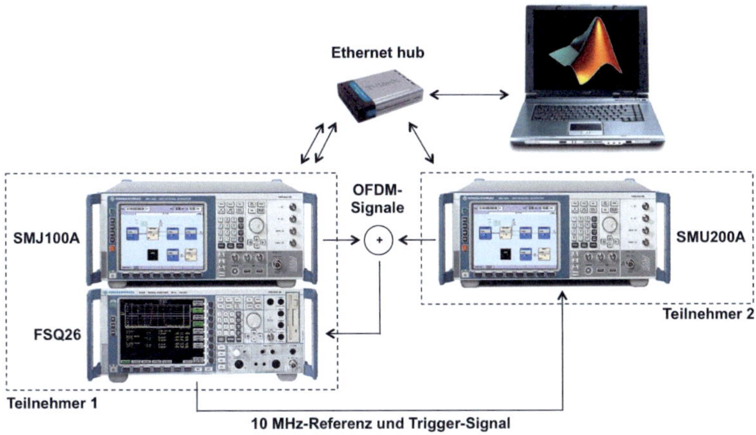

Bild 5.10: Angepasster Messaufbau zur Verifikation der Leistungsfähigkeit der modifizierten Signalform mit zwei Teilnehmern

mensignal am Ausgang des Kopplers mit Hilfe des FSQ26-Signalanalysators aufgezeichnet. Ein möglicher Frequenzversatz zwischen den beiden Teilnehmern wird bei Bedarf einfach durch die Wahl verschiedener Trägerfrequenzen in den beiden Signalgeneratoren nachgestellt. Ebenso kann eine Zeitverzögerung für die Aussendung von Teilnehmer 2 vorgegeben werden. Das empfangene Signal wird anschließend an den Computer zurück übertragen und dort mit dem an die modifizierte Signalform angepassten modulationssymbol-basierten Algorithmus prozessiert. Die Anzahl der ausgewerteten OFDM-Symbole beträgt bei allen durchgeführten Messungen $N_{\mathrm{sym}} = 256$. Als Modulationsverfahren kommt jeweils 4-PSK zum Einsatz.

5.3.2 Ergebnisse der Messungen

Bei den durchgeführten Messungen wurde analog zu den Simulationen in Abschnitt 5.2.2 vorgegangen, d.h. Teilnehmer 1 nutzt jeweils den Kanal $u = 0$ und Teilnehmer 2 werden verschiedene Kanäle $u = 0 \dots 4$ zugeteilt. Für die verschiedenen Kanalkombinationen wird die jeweils bei Verwendung eines Rechteckfensters in Abhängigkeit des SIR erzielbare mittlere Dynamik ermittelt. Damit die Ergebnisse tatsächlich ausschließlich durch die Interferenz

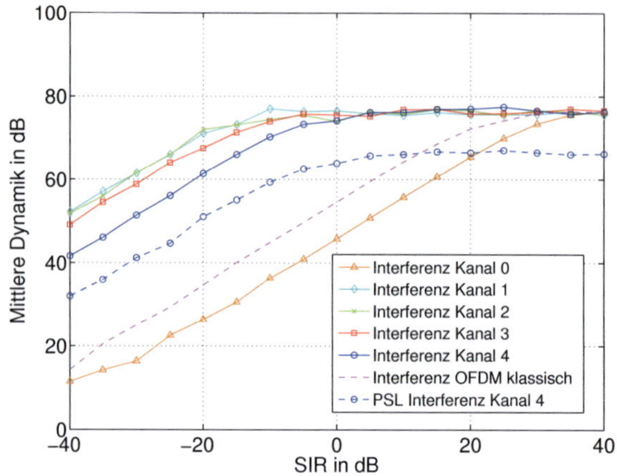

Bild 5.11: Gemessene mittlere Dynamik bei Einsatz der modifizierten Signalform in Abhängigkeit des SIR bei identischer Sendefrequenz beider Teilnehmer und Zeitsynchronisation für $N_{\mathrm{sym}} = 256$

bestimmt und nicht durch überlagertes Rauschen beeinflusst werden, wird mit möglichst hohen Signalpegeln gearbeitet. Die Leistungen werden dabei an den Signalgeneratoren so gewählt, dass das stärkere Signal immer eine Leistung von 0 dBm besitzt. Die Leistung des schwächeren Signals wird gemäß dem vorgegebenen SIR eingestellt.

Zunächst wird der Fall betrachtet, dass die Sendefrequenzen der beiden Teilnehmer perfekt synchronisiert sind. Hierfür wird an beiden Signalgeneratoren dieselbe Sendefrequenz von 5,9 GHz gewählt und Teilnehmer 2 über die externe 10 MHz-Referenz synchronisiert. Der Zeitpunkt der Aussendung der beiden Signalgeneratoren ist ebenfalls über ein Trigger-Signal synchronisiert. In Bild 5.11 ist die für verschiedene Kanalbelegungen resultierende mittlere Dynamik in Abhängigkeit des SIR gezeigt. Darüber hinaus ist das PSL für den Fall der Interferenz von Kanal 4 dargestellt. Weiterhin wurde die mittlere Dynamik, die beim Einsatz der klassischen OFDM-Signalform durch Teilnehmer 2 resultiert, gemessen. Das hierbei erhaltene Resultat ist ebenfalls in Bild 5.11 dargestellt und dient als Referenz für die mit Hilfe der modifizierten Signalform erzielbare Verbesserung der Leistungsfähigkeit.

Im Vergleich zum zugehörigen Simulationsergebnis in Bild 5.4 treten sehr deutliche Abweichungen in zwei Punkten auf: Erstens tritt in der Messung im Gegensatz zur Simulation eine Abhängigkeit der mittleren Dynamik vom SIR am Eingang auch für diejenigen Fälle auf, in denen Teilnehmer 2 einen orthogonalen Kanal nutzt. Dadurch ergibt sich für SIR-Werte kleiner 0 dB eine vergleichbare SIR-Abhängigkeit wie im Fall der klassischen OFDM-Signalform. Zweitens liegt die in der Messung maximal erreichbare mittlere Dynamik mit ca. 76 dB deutlich niedriger als in der Simulation. Dieser Wert wird ungefähr ab einem SIR von 0 dB für alle Kanäle 1 bis 4 erreicht. Die einzelnen aufgenommenen Messwerte streuen um 1 bis 2 dB. Beide Effekte können dadurch erklärt werden, dass in der Messung zusätzlich zu den numerischen Ungenauigkeiten der Simulation der Einfluss des Analog-zu-Digital-Wandlers als weiterer Störfaktor hinzukommt. Der Empfänger besitzt nominal eine Auflösung von 14 bit. In einem realen A/D-Wandler liegt die effektiv erzielbare Auflösung allerdings typischerweise 1 bis 2 dB unterhalb des Nominalwerts. Darüber hinaus kann bei dem hier eingesetzten Empfänger die Aussteuerung des Wandlers nicht manuell vorgenommen werden, sondern wird durch das Gerät automatisch geregelt. Folglich ist nicht exakt nachvollziehbar, wie viele Bits bei der Quantisierung tatsächlich effektiv ausgeschöpft werden. Ein Vergleich mit den in Bild 5.9 dargestellten Werten zeigt, dass die effektive Auflösung tatsächlich im Bereich zwischen 8 und 10 bit zu liegen scheint. Unerwartet ist auch die Tatsache, dass insbesondere für niedrige SIR-Werte die erzielbare mittlere Dynamik mit zunehmendem Kanalabstand abfällt. Diese Reduktion besonders für den Fall einer Interferenz von Kanal 4 sehr auffällig und beträgt dann bis zu ca. 10 dB. Erklärt werden kann dieser Effekt über das in diesem Fall bestehende ganzzahlige gemeinsame Teilerverhältnis der Unterträger beider Nutzer. Dieses führt dazu, dass die Nullstellen der Zeitsignale der Unterträger im Summensignal aufeinanderfallen und sich somit höhere Spitzenamplituden bei der Überlagerung der beiden Signale ausbilden, welche wiederum die effektive Auflösung bei der Analog-zu-Digital-Wandlung reduzieren.

Für eine praktische Anwendung der modifizierten Signalform ist insbesondere von Bedeutung, dass für sehr starke Interferenz, d.h. SIR-Werte deutlich kleiner als 0 dB, eine hohe Isolation erzielt wird. Wie in Bild 5.11 im Vergleich mit der Referenzkurve aus der Messung mit dem klassischen OFDM-Signal ersichtlich ist, tritt der höchste Abstand zu der Referenzkurve tatsächlich für niedrige SIR-Werte ab ungefähr -10 dB und weniger auf. Betrachtet man die Werte für SIR = -20 dB, so ergibt sich bei der Nutzung von Kanal 1 durch Teilnehmer 2 eine mittlere Dynamik von 72,0 dB und damit eine Steigerung um 37,4 dB gegenüber dem bei einem Einsatz der klassischen OFDM-Signalform resultierenden Wert von 34,6 dB. Selbst für den Fall einer von Kanal 4 ausgehenden Interferenz, bei dem die stärkste Reduktion der erzielbaren mittleren Dynamik auftritt, wird immer noch mit 61,4 dB eine Verbesserung von 26,8 dB gegenüber der klassischen OFDM-Signalform erreicht. Im Fall der Gleichkanalinterferenz ist die Leistungsfähigkeit wie erwartet um ca. 9 dB schlechter als für die klassische OFDM-Signalform und es wird lediglich eine mittlere Dynamik von 26,3 dB erzielt. Für den Fall der Nutzung von Kanal 4 ist zusätzlich beispielhaft die PSL-Kurve dargestellt. Diese zeigt, dass die Spitzenwerte des Hintergrundrauschens auch in der durchgeführten Messung unter dem Einfluss von Interferenz die bereits bekannte Begrenzung aufweisen. Die einzelnen, bei einem SIR von -20 dB gemessenen Werte der mittleren Dynamik sind absolut und im Vergleich zur klassischen OFDM-Signalform nochmals in Tabelle 5.4 aufgelistet. In Bezug auf die Kurve für die Gleichkanalinterferenz in Bild 5.11 sollte angemerkt werden, dass die für SIR $<$ -30 dB gemessenen Werte nicht mehr der realen mittleren Dynamik entsprechen sondern dadurch verzerrt werden, dass sich der vom Nutzsignal hervorgerufene Peak mit einem signifikanten Anteil an Rauschleistung überlagert.

Tabelle 5.4: Gemessene mittlere Dynamik bei Einsatz der modifizierten Signalform für SIR = -20 dB, Nutzung von Kanal 0 durch Teilnehmer 1, Zeit- und Frequenzsynchronsation beider Teilnehmer

Kanal Teilnehmer 2	0	1	2	3	4
Mittlere Dynamik in dB	26,3	72,0	71,1	67,5	61,4
Verbesserung geg. kl. OFDM in dB	-8,3	37,4	36,5	32,9	26,8

Da die betrachteten Messergebnisse ohne die Annahme eines Doppler-Effekts ermittelt wurden, besitzen sie für praktische Anwendungen im Automobilbereich nur eine untergeordnete Bedeutung. Interessant ist stattdessen insbesondere, wie hoch die Reduktion der mittleren Dynamik unter dem Einfluss einer Doppler-Verschiebung ausfällt. Daher wurden weitere Messungen analog zu den in Bild 5.5 gezeigten Simulationsergebnissen durchgeführt, bei denen ein festes SIR von 0 dB vorgegeben wird und die Frequenz des interferierenden Signals variiert wird. Dies wurde messtechnisch so realisiert, dass

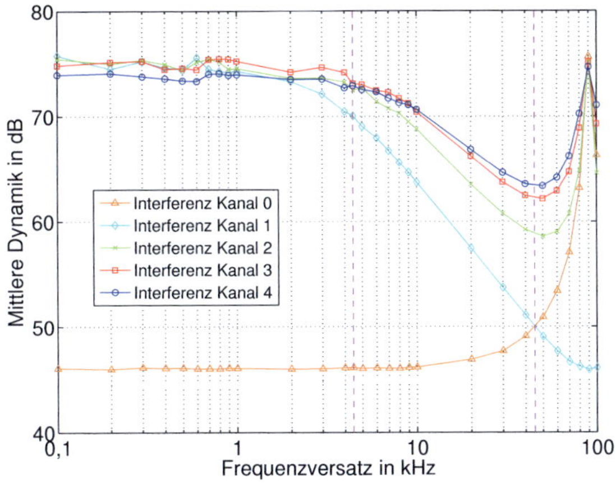

Bild 5.12: Gemessene mittlere Dynamik in Abhängigkeit einer Doppler-Verschiebung, Zeitsynchronisation, $N_{\mathrm{sym}} = 256$

die beiden Signalgeneratoren weiterhin über die 10 MHz Referenz synchronisiert werden und für Teilnehmer 2 die Trägerfrequenz am Signalgenerator entsprechend der Vorgabe verschoben wird. Die Verschiebung wird dabei wie bereits in der Simulation in Richtung niedrigerer Frequenzen vorgenommen, da in diesem Fall eine stärkere Auswirkung der Interferenz erwartet werden muss. Beide Signalgeneratoren sind außerdem nach wie vor über ein Trigger-Signal synchronisiert und senden zeitsynchron. Die in Abhängigkeit der Frequenzverschiebung gemessene mittlere Dynamik ist in Bild 5.12 dargestellt. Im Gegensatz zu Bild 5.5 sind hier erst Ergebnisse aber einem Frequenzversatz von 100 Hz dargestellt.

Auch in diesem Fall wird im Vergleich zur Simulation in Bild 5.5 eine deutlich geringere maximale mittlere Dynamik erreicht, die wie in der vorigen Messung bei ungefähr 76 dB liegt. Außerdem zeigt sich auch hier für niedrige Frequenzverschiebungen der bereits zuvor beobachtete Effekt, dass im Fall der Interferenz von Kanal 4 eine Reduktion der mittleren Dynamik um wenige dB eintritt. In der Messung tritt wie bereits zuvor eine zufällige Streuung der Messwerte in der Größenordnung von 1 bis 2 dB auf. Abgesehen von der Limitierung der mittleren Dynamik auf 76 dB besitzen alle Kurven einen sehr ähnlichen Verlauf wie in der Simulation in Bild 5.5. Insbesondere im Bereich eines höheren Frequenzversatzes stimmen die gemessenen Werte sehr gut mit den Simulationsergebnissen überein. Die beiden gestrichelten vertikalen Linien stellen wieder die bei der Systemparametrisierung angenommene maximale Geschwindigkeit sowie den halben Unterträgerabstand dar. Die bei der maximalen Geschwindigkeit gemessenen Werte sind in Tabelle 5.5 zusammengefasst. Für den Worst Case der Nutzung des direkten Nachbarkanals beträgt die gemessene mittlere Dynamik 70,0 dB. Der Vergleich mit den Simulationsergebnissen aus Tabelle 5.3 zeigt, dass dieses Ergebnis sehr gut übereinstimmt. Für größere Kanalabstände kann das Simulationsergebnis auf Grund der Limitierung der Dynamik durch die eingesetzten Geräte nicht vollständig erreicht werden. Auch der weitere Verlauf der Kurven stimmt sehr gut überein. So tritt auch in der Messung das lokale Minimum beim halben Unterträgerabstand ein bzw. tauschen Kanal 0 und 1 ihre Rolle und beim ganzen Unterträgerabstand nehmen schließlich wieder alle Kurven (mit Ausnahme von Kanal 1) den Maximalwert an.

Tabelle 5.5: Gemessene Isolation zwischen den Kanälen, Teilnehmer 1 nutzt Kanal 0, Frequenzversatz von Teilnehmer 2 von -4,45 kHz, zeitsynchrone Aussendung

Kanal Teilnehmer 2	1	2	3	4
Isolation in dB	70,0	72,5	73,1	72,9

Als letzte wichtige Fragestellung wird mit dem Messaufbau betrachtet, welche Auswirkung ein Zeitversatz der Aussendung von Teilnehmer 2 in einer realen Messung verursacht. Bei den hierzu durchgeführten Messungen wird analog zu den Simulationen, aus denen Bild 5.8 gewonnen wurde, ein festes SIR von 0 dB vorgegeben und an beiden Signalgeneratoren die gleiche Trägerfrequenz gewählt. Anschließend wird schrittweise der Aussendezeitpunkt von Teilnehmer 2 verzögert und jeweils die erzielbare mittlere Dynamik bestimmt. Die Verzögerung wird jeweils bezogen auf den Eingang des Trigger-Signals am Signalgenerator vorgegeben. Die Übertragung des Trigger-Signals über ein 1 m langes Kabel verursacht dabei eine zusätzliche minimale Verzögerung. Da die Bandbreite des Trigger-Pulses begrenzt ist, besteht ohnehin eine gewisse Unsicherheit bezüglich des exakten Trigger-Zeitpunktes, so dass der Einfluss des Kabels in der Praxis vernachlässigt wer-

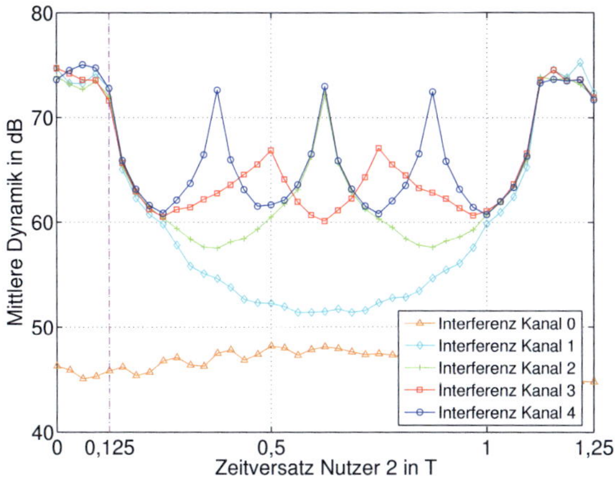

Bild 5.13: Gemessene mittlere Dynamik in Abhängigkeit einer Zeitverschiebung der Aussendung von Teilnehmer 2, Frequenzsynchronisation, $N_{\mathrm{sym}} = 256$

den kann. Die in der Messung gewonnenen Ergebnisse sind in Bild 5.13 dargestellt. Im Gegensatz zu Bild 5.8 werden hier nur Ergebnisse bis zu einer Verzögerung von 1,25 T betrachtet.

Auch in diesem Fall stimmen die Simulation in Bild 5.8 und die Messergebnisse sehr gut überein, bis auf die bereits bekannte Tatsache, dass die maximal erzielbare mittlere Dynamik in der Messung deutlich stärker begrenzt ist. Die leichte Reduktion der gemessenen Werte bei 0,125 T und 1,25 T ergibt sich durch die geringe zusätzliche zeitliche Verzögerung der Aussendung von Teilnehmer 2. Sofern die Zeitverzögerung der Aussendung von Teilnehmer 2 kleiner als die Dauer des Cyclic Prefix (0,125 T) ist, wird zuverlässig eine mittlere Dynamik von ungefähr 76 dB entsprechend dem mit dem Messaufbau erzielbaren Maximalwert erreicht. Wie in der Simulation wird für beliebige Zeitverschiebungen eine mittlere Dynamik von mindestens 60 dB in fast allen Fällen garantiert, sofern nicht der direkte Nachbarkanal von Teilnehmer 2 genutzt wird. Darüber hinaus treten die in der Simulation bereits für bestimmte Kanalabstände beobachteten weiteren Hauptmaxima tatsächlich auch in der Messung analog auf.

Aus Simulation und Messung können zusammenfassend folgende Schlussfolgerungen in Bezug auf die mit der modifizierten Signalform in einer realen Anwendung erreichbare Leistungsfähigkeit festgehalten werden:

- Die Annahme, dass die Sendesignale der einzelnen Nutzer orthogonal sind, gilt tatsächlich nur für den Fall, dass die Aussendung zeit- und frequenzsynchron erfolgt.
- Um unter sehr starker Interferenz in einer Mehrnutzeranwendung eine sehr hohe Dynamik erzielen zu können, wird eine höhere Auflösung bei der Analog-zu-Digital-Wandlung als bei einer Einzelanwendung auf Basis der klassischen OFDM-Signalform benötigt.
- Die modifizierte Signalform erlaubt insbesondere im Fall sehr starker Interferenz eine drastische Verbesserung der erzielbaren mittleren Dynamik.
- In einer realen Messung mit mehreren aktiven Sendern ist durch den Einsatz der modifizierten Signalform eine Verbesserung der mittleren Dynamik von deutlich mehr als 30 dB in Bezug auf einen Einsatz der klassischen OFDM-Signalform erzielbar.
- Selbst unter dem Einfluss der bei der maximalen Geschwindigkeit resultierenden Doppler-Verschiebung wird eine mittlere Dynamik von mindestens 60 dB erreicht.
- Falls keine Zeitsynchronisation der Nutzer gegeben ist, kann dennoch eine mittlere Dynamik von mindestens 60 dB in fast allen Fällen garantiert werden, sofern eine Nutzung des direkten Nachbarkanals vermieden wird.

5.3.3 Projektion der Messergebnisse auf ein reales Straßenverkehrsszenario

Bislang wurde die mit der modifizierten Signalform in einer Mehrnutzerumgebung erzielbare Leistungsfähigkeit abstrakt in Abhängigkeit eines vorgegebenen Signal-zu-Interferenz-Verhältnisses analysiert. Wichtig für die Abschätzung der Leistungsfähigkeit einer realen Anwendung ist nun insbesondere die Frage, welches SIR in einer realen Umgebung erwartet werden muss.

Grundsätzlich hängt die empfangene reflektierte Leistung des eigenen Sendesignals sowohl von der Distanz als auch vom Rückstreuquerschnitt des reflektierenden Objekts ab. Gleichzeitig besitzt die Leistung des von einem anderen Teilnehmer empfangenen Interferenzsignals ebenfalls eine Distanzabhängigkeit. Die beiden Distanzen zum reflektierenden Objekt und zum Kommunikationspartner sind dabei nicht notwendigerweise identisch. Die Leistung des reflektierten Signals besitzt eine $1/R^4$-Abhängigkeit, wohingegen im Fall der Kommunikation bzw. Interferenz lediglich eine $1/R^2$-Abhängigkeit besteht. Die Zahl der Parameter, die in der Praxis das SIR bestimmen, und deren Zusammenwirken ist folglich äußerst komplex. Um zu einer Aussage für ein reales Szenario kommen zu können, wird hier beispielhaft auf die bereits in Abschnitt 4.2.4 präsentierten Messungen zurückgegriffen. Für die relevanten Distanzen und Leistungen der Signale werden dabei die in Tabelle 4.4 aufgelisteten Werte zu Grunde gelegt.

Die in Tabelle 4.4 angegebenen Werte zeigen, dass sich die Dynamik in Bezug auf die Radar-Messung in dem in Bild 4.8 gezeigten Szenario zwischen dem am stärksten und dem am schwächsten reflektierenden Fahrzeug über einen Bereich von insgesamt 41,9 dB erstreckt. Die Radar-Messung unter dem Einfluss der Interferenz muss folglich ein Peak-to-Sidelobe Ratio von mehr als 42 dB gewährleisten, damit alle Fahrzeuge sicher detektiert werden können. Unter Berücksichtigung des beobachteten Zusammenhangs zwischen PSL und mittlerer Dynamik bedeutet dies, dass die mittlere Dynamik für eine zuverlässige Detektion mindestens 54 dB betragen muss. Analog zu der bisherigen Nomenklatur wird auch hier davon ausgegangen, dass das Fahrzeug, aus dessen Perspektive die Radar-Messung erfolgte, den Teilnehmer mit der Nummer 1 darstellt. Als mögliche Interferierer bzw. Teilnehmer 2 kommen dann die Fahrzeuge 1 bis 6 in Betracht. Unter dieser Annahme besitzt das zurück reflektierte Sendesignal von Teilnehmer 1 immer dieselbe Leistung, welche in sehr guter Näherung alleine durch den Rückstreuquerschnitt sowie die Distanz von Fahrzeug 1 (LKW) bestimmt wird, da die Intensitäten der übrigen Fahrzeuge im Radar-Bild um mehrere Größenordnungen niedriger sind. Es wird nach wie vor eine Trägerfrequenz von $f_c = 24\,\text{GHz}$ angenommen. Für den LKW werden die in Abschnitt 4.2.4 ermittelten Werte $\sigma = 25{,}5\,\text{dBm}^2$ und $R = 41{,}1\,\text{m}$ berücksichtigt. Schließlich werden, um eine Implementierung auf Basis der ISM-Regulierung zu bewerten, nicht die Leistungsdaten des Demonstrators aus Kapitel 4 sondern die bereits in Abschnitt 3.3.5 diskutierten Werte für die unter der ISM-Regulierung zulässige Sendeleistung von $P_{\text{Tx,EIRP}} = 20\,\text{dBm}$ sowie der als realistisch angenommene Antennengewinn $G_{\mathrm{Rx}} = 15{,}6\,\mathrm{dB}$ verwendet (vgl. Tabelle 3.3). Mit diesen Werten ergibt sich aus Gleichung (2.35) für das reflektierte Sendesignal von Teilnehmer 1 eine Empfangsleistung von $P_{\mathrm{Rx}} = 3{,}55 \cdot 10^{-11}\,\mathrm{W}$ = -74,5 dBm.

Für das von einem anderen Fahrzeug ausgesendete interferierende Signal wird zur Berechnung der Empfangsleistung das Gesetz der Freiraumausbreitung angenommen:

$$P_{\mathrm{Rx,interf}} = \frac{P_{\mathrm{Tx,EIRP}} G_{\mathrm{Rx}} \lambda^2}{(4\pi R_{\mathrm{interf}})^2}. \tag{5.12}$$

Die Sendeleistung $P_{\mathrm{Tx,EIRP}} = 20\,\mathrm{dBm}$ folgt wiederum aus der ISM-Regulierung und der Antennengewinn ist mit $G_{\mathrm{Rx}} = 15{,}6\,\mathrm{dB}$ identisch, da es sich um dieselbe Empfangsantenne handelt. Theoretisch besitzt der Antennengewinn eine Richtungsabhängigkeit. In dem betrachteten Szenario muss allerdings davon ausgegangen werden, dass das Sendesignal von Teilnehmer 2 zumindest näherungsweise in der Hauptstrahlrichtung der Empfangsantenne von Teilnehmer 1 einfällt. Außerdem wird durch diese Annahme generell der Worst Case aus Sicht der Radar-Messung repräsentiert. Die Distanz R_{interf} entspricht in Bezug auf die Interferenz nun dem jeweiligen Abstand eines der Fahrzeuge 1 bis 6, je nachdem welches Fahrzeug den Kommunikationspartner darstellt. Die für eine Kommunikation mit den verschiedenen Fahrzeugen unter Einbeziehung dieser Werte aus Gleichung (5.12) resultierende Leistung des empfangenen Signals ist in Tabelle 5.6 dargestellt. Weiterhin ist das für die Radar-Messung resultierende Signal-zu-Interferenz-Verhältnis angegeben.

Tabelle 5.6: Berechnete Empfangsleistung für Interferenz von einem der in Bild 4.8 dargestellten Fahrzeuge sowie resultierendes SIR

Fahrzeug Nummer	1	2	3	4	5	6
Empf. Leistung in dBm	-56,7	-54,1	-55,7	-60,1	-61,6	-64,1
SIR in dB	-17,8	-20,4	-18,8	-14,4	-12,9	-10,5

Für einen Einsatz der modifizierten OFDM-Signalform in dem betrachteten Szenario ergeben sich hieraus folgende Schlussfolgerungen:

- Das Signal-zu-Interferenz-Verhältnis liegt tatsächlich deutlich unterhalb von 0 dB und variiert je nach angenommenem Kommunikationspartner ungefähr im Bereich zwischen -20 dB und -10 dB. Die relativ geringe Variation erklärt sich dadurch, dass diese ausschließlich durch eine Änderung der Distanz des Kommunikationspartners verursacht wird und die Leistung in diesem Fall nur der $1/R^2$-Abhängigkeit folgt.
- Wie die Messergebnisse in Bild 5.11 und Tabelle 5.4 zeigen, wird bei einem SIR von -20 dB selbst bei der ungünstigsten Kanalwahl in einer realen Messung noch eine mittlere Dynamik von über 60 dB erreicht.
- Die Anhebung des Hintergrundrauschens durch den Doppler-Effekt begrenzt die erzielbare mittlere Dynamik bei der als maximal angenommenen Geschwindigkeit im ungünstigsten Fall auf ungefähr 60 dB (vgl. Bild 5.12).
- Selbst im Fall einer nicht gegebenen Zeitsynchronisation kann fast immer eine mittlere Dynamik von 60 dB erzielt werden, sofern der direkte Nachbarkanal nicht benutzt wird (vgl. Bild 5.13).
- Durch den Einsatz der entwickelten modifizierten OFDM-Signalform kann die zur Detektion aller Objekte im betrachteten Szenario erforderlich mittlere Dynamik von 54 dB somit praktisch in allen Fällen gewährleistet werden.
- Im Gegensatz dazu wird mit der klassischen OFDM-Signalform bei dem im Worst Case gegebenen SIR von -20 dB nur eine mittlere Dynamik von 34,2 dB erreicht, welche in dem betrachteten Szenario lediglich die Detektion des LKWs und des Fahrzeugs mit der Nummer 3 ermöglichen würde (vgl. Tabelle 4.4).

Die entwickelte Modifikation der OFDM-Signalform bringt folglich in dem betrachteten Szenario genau den entscheidenden Zugewinn an Entkopplung bei der Radar-Messung, der für einen praktischen Einsatz eines RadCom-Verfahrens in einer Mehrnutzerumgebung erforderlich ist. Es stellt sich an dieser Stelle jedoch die Frage, ob das beispielhaft betrachtete Szenario tatsächlich als allgemeingültige Referenz herangezogen werden kann. Diese Frage kann durch eine einfache Überlegung mit „ja“ beantwortet werden. Wäre der LKW nicht vorhanden, dann würde zwar das SIR am Empfänger deutlich niedriger ausfallen und sich die bei der Radar-Messung erzielbare mittlere Dynamik entsprechend verringern. Gleichzeitig würde sich aber

auch die Dynamik innerhalb des Szenarios reduzieren und die zur Detektion aller Objekte erforderliche mittlere Dynamik um den entsprechenden Betrag sinken. Der minimale Signalpegel, der detektiert werden kann, ist also stets derselbe und das Szenario kann als allgemeine Referenz herangezogen werden. Probleme bei der Detektion könnten sich höchstens für denjenigen Fall ergeben, dass eine Reflexion auftritt, die deutlich stärker als die im betrachteten Szenario durch den LKW verursachte Reflexion ist und der gesamte Dynamikumfang des Szenarios dadurch ansteigt.
Bislang noch nicht diskutiert wurde der Aspekt der simultanen Kommunikation vom jeweils interferierenden Fahrzeug (Teilnehmer 2) zum Fahrzeug, das die Radar-Messung durchführt (Teilnehmer 1). Diese profitiert sogar von einem sehr niedrigen SIR in Bezug auf die Radar-Messung, da das SIR der Kommunikationsverbindung von Teilnehmer 2 zu Teilnehmer 1 genau dem inversen SIR der Radar-Messung entspricht. Für diese Kommunikationsverbindung tritt also im betrachteten Szenario ungefähr ein SIR zwischen 10 und 20 dB auf. Ohne die Präsenz des LKW wäre in diesem Fall das SIR sogar noch höher. Bereits für eine klassische OFDM-Kommunikation kann ab einem SIR von 10 dB eine funktionsfähige Datenübertragung realisiert werden [Eng02]. Auch im Fall der Datenkommunikation ermöglicht die Modifikation der OFDM-Signalform eine vergleichbare Reduktion der Interferenz zwischen den einzelnen Kanälen wir für die Radar-Anwendung. Darüber hinaus kann durch die Einsatz von Kanalcodierung ein weiterer Gewinn erzielt werden. Somit kann davon ausgegangen werden, dass durch das Zusammenwirken dieser Effekte eine sehr hohe Leistungsfähigkeit auch für die simultane Datenübertragung von Teilnehmer 2 zu Teilnehmer 1 erreicht werden kann. Der Einsatz von Kanalcodierung ist auch unter dem Aspekt interessant, dass hierfür Verfahren existieren, die gleichzeitig die Spitzenwerte im OFDM-Signal begrenzen. Ein entsprechendes Verfahren, mit dem das Peak to Average Power Ratio des OFDM-Signals auf 3 dB begrenzt wird, wird in [BKSJ10] vorgestellt.

5.4 Bewertung der Leistungsfähigkeit der modifizierten Signalform

Im Folgenden wird eine abschließende Bewertung der Leistungsfähigkeit der modifizierten Signalform vorgenommen. Hierfür wird zunächst ein Vergleich zu klassischen codebasierten Verfahren zur Nutzertrennung gezogen. Schließlich werden die wichtigsten Punkte zur Leistungsfähigkeit der modifizierten Signalform noch einmal zusammenfassend bewertet.

5.4.1 Vergleich mit codebasierten Mehrnutzerverfahren

Codebasierte Verfahren zur Nutzertrennung haben ihren Ursprung in der digitalen Kommunikation. Auch für MIMO-Radar-Systeme (*Multiple Input Multiple Output*), bei denen mehrere räumlich verteilte Sender simultan im selben Frequenzband aktiv sind, müssen die individuellen Sendesignale geeignet codiert werden, so dass von den Empfängern die Beiträge der einzelnen Sender am empfangenen Summensignal bestimmt werden können [LS08]. Für Anwendungen in der Kommunikation kommen für die Codierung typischerweise Folgen mit guten Kreuzkorrelationseigenschaften wie z.B. Gold-Codes [SS07] oder orthogonale Walsh-Codes [SZH+10] zum Einsatz. Da diese Folgen jedoch keine besonders guten Autokorrelationseigenschaften besitzen, kommen in der Radar-Technik typischerweise andere Folgen, wie z.B. pseudozufällige Codes (M-Sequenzen), Frank Codes oder Barker Codes zum Einsatz [Rab08].
Grundsätzlich besteht bei einer codebasierten Nutzertrennung für Radar-Anwendungen die Problematik, dass keine Codes existieren können, die gleichzeitig optimale Autokorrelations- und Kreuzkorrelationseigenschaften besitzen [Goi92]. Dadurch ergeben sich zwangsweise Nebenmaxima bzw. Störungen durch Interferenz im Radar-Bild und die erzielbare Dynamik bleibt begrenzt. Die theoretisch erreichbare Untergrenze für die Höhe der Korrelationsnebenmaxima wird durch die *Welch-Schranke* (engl. *Welch Bound*) beschrieben. In [Wel74] leitet Welch für den Fall einer periodischen Korrelation folgende gemeinsame Schranke für das relative Niveau der Kreuzkorrelation zwischen zwei verschiedenen Codes $r_{c_1c_2}(\tau)$ sowie die relativen Nebenmaxima der Autokorrelationsfunktion $r_{cc}(\tau)$ her:

$$\min\left\{r_{c_1c_2}(\tau), r_{cc}(\tau \neq 0)\right\} \geq \sqrt{\frac{M-1}{LM-1}}, \tag{5.13}$$

wobei L die Länge der Code-Sequenzen und M die Gesamtzahl der verfügbaren Code-Sequenzen bezeichnet. Der Kehrwert dieser Schranke könnte folglich für das Peak-to-Sidelobe Ratio bei simultaner Aktivität mehrerer Sender auf Basis codierter Signale und einem Signal-zu-Interferenz-Verhältnis von 0 dB im Idealfall erreicht werden. Da in einer praktischen Anwendung Codes für eine größere Anzahl an Nutzern existieren müssen und die Länge der Code-Sequenzen als groß angenommen werden kann, stellt $\sqrt{L}$ eine sehr gute Näherung für die theoretische Grenze für das PSL dar. In der Realität kann die von Welch vorausgesetzte periodische Korrelation allerdings oft nicht realisiert werden, sondern es muss stattdessen eine aperiodische Korrelation angenommen werden. In diesem Fall reduziert sich die effektive Länge der Code-Folgen näherungsweise um den Faktor 2 (vgl. [Wel74]) und das maximal erreichbare PSL beträgt nur noch $\sqrt{L/2}$. In Bezug auf reale Anwendungen stellt diese Schranke eine optimistische Annahme dar. Die in [SW11] in Simulationen ermittelten Werte liegen selbst für die leistungsfähigsten Codes ungefähr 5 dB unterhalb dieser Schranke.

Im Fall einer OFDM-Übertragung beträgt die gesamte Anzahl der Abtastwerte des ausgesendeten Signals im Zeitbereich immer $N_\mathrm{c}N_\mathrm{sym}$, unabhängig davon, ob die klassische oder die modifizierte OFDM-Signalform eingesetzt wird. Mit den hier verwendeten Werten $N_\mathrm{c} = 1024$ und $N_\mathrm{sym} = 256$ ergibt sich damit die Länge $L = 262\ 144$. Im Fall einer codebasierten Mehrnutzeranwendung könnte für diese Folgenlänge für ein SIR von 0 dB unter der Annahme einer aperiodischen Korrelation maximal ein PSL von 51,2 dB erzielt werden. Zieht man für die modifizierte OFDM-Signalform als Vergleich die Messergebnisse in Bild 5.11 heran, dann zeigt sich, dass mit der modifizierten OFDM-Signalform sogar im schlechtesten Fall bereits ein PSL von 63,9 dB erzielt wird. Die Leistungsfähigkeit der modifizierten OFDM-Signalform in einer realen Messung übertrifft folglich das theoretische Optimum der Leistungsfähigkeit einer codebasierten Nutzertrennung um deutlich mehr als 10 dB.

Theoretisch ist die mit der modifizierten OFDM-Signalform erzielbare Isolation sogar unbegrenzt, so lange kein Doppler-Effekt auftritt. Durch den Einsatz eines leistungsfähigeren Empfängers könnte folglich mit der modifizierten OFDM-Signalform noch ein höheres PSL erzielt werden. Das Auftreten eines Doppler-Effekts stellt ein generelles Problem dar und würde auch im Fall einer codebasierten Nutzertrennung zu einer Degradation der Leistungsfähigkeit führen [SW10]. Der einzige Nachteil der modifizierten OFDM-Signalform gegenüber einer codebasierten Lösung besteht darin, dass im Fall der modifizierten OFDM-Signalform die Anzahl der Nutzer, die in einem begrenzten räumlichen Gebiet gleichzeitig aktiv sein können, hart auf N_ch begrenzt ist. In Anbetracht der deutlich höheren Leistungsfähigkeit stellt die modifizierte OFDM-Signalform auch eine interessante Alternative gegenüber codebasierten Verfahren für klassische MIMO-Radar-Anwendungen dar. In diesem Fall ergibt sich zusätzlich der Vorteil, dass die Frequenz- und Zeitsynchronisation der einzelnen Sendesignale deutlich einfacher realisiert werden kann.

5.4.2 Abschließendes Fazit zur modifizierten Signalform

In diesem Kapitel wurde eine mögliche Modifikation klassischer OFDM-Signale vorgestellt und untersucht, wie mit deren Hilfe mehrere RadCom-Systeme ein gemeinsames Frequenzband nutzen können. Die Grundidee dieser Modifikation besteht darin, dass der einzelne Nutzer nicht alle verfügbaren Unterträger sondern nur einzelne Unterträger in einem regelmäßigen Abstand nutzt. Die gesamte verfügbare Anzahl an Unterträgern kann dann auf die einzelnen Nutzer so verteilt werden, dass jeder verfügbare Unterträger von genau einem Nutzer belegt wird. Das Sendesignal jedes einzelnen Nutzers belegt dann näherungsweise eine unveränderte Gesamtbandbreite. Die Leistungsfähigkeit der Radar-Messung in Bezug auf die Distanzauflösung wird somit nicht eingeschränkt. Die inhärente Orthogonalität der einzelnen Unterträger garantiert dabei gleichzeitig, dass keine bzw. nur sehr geringe Interferenz zwischen den Teilnehmern auftritt, sofern deren Sendefrequenzen synchronisiert sind.

Zunächst wurde die mit diesem Ansatz erzielbare Leistungsfähigkeit theoretisch betrachtet. Hierbei konnten die folgenden Zusammenhänge gezeigt werden:

- Das entwickelte modulationssymbol-basierte Prozessierungsverfahren kann unverändert zum Einsatz kommen kann, auch wenn am Sender nur einzelne Unterträger in einem regelmäßigen Abstand belegt werden. Dadurch wird auch für die modifizierte Signalform eine vollständige Unabhängigkeit der Radar-Messung von der gesendeten Nutzinformation garantiert.

- Fast alle wichtigen Parameter bezüglich der Leistungsfähigkeit bleiben durch die Modifikation unbeeinflusst. Dies betrifft unter anderem die Distanzauflösung, sämtliche Parameter in Bezug auf die Messung der relativen Geschwindigkeit sowie den Prozessierungsgewinn in Bezug auf Rauschen.

- Dagegen reduzieren sich die größte eindeutig messbare Distanz sowie der Prozessierungsgewinn in Bezug auf eine mögliche Gleichkanalinterferenz jeweils um die Anzahl der Kanäle. Dadurch wird die Anzahl der mit Hilfe dieser Modifikation realisierbaren Kanäle limitiert.

Der schwierigste Punkt in Bezug auf eine praktische Realisierung ist die Tatsache, dass die Sendefrequenzen der einzelnen Teilnehmer synchronisiert werden müssen. Eine genauere Betrachtung zeigte darüber hinaus, dass auch eine Zeitsynchronisation erforderlich ist, da die Orthogonalität nur besteht, sofern keine Phasenumtastung der Unterträger des interferierenden Signals während des ausgewerteten Zeitintervalls auftritt. Die Frequenz- und Zeitsynchronisation müsste in einer realen Anwendung mit einer gemeinsamen Referenz, wie z.B. GPS-Signale, oder hochpräzisen Oszillatoren hergestellt werden. Bezüglich der Frequenzsynchronisation ergibt sich allerdings noch die Problematik, dass zumindest die durch den Doppler-Effekt verursachte Frequenzverschiebung bestehen bleibt. Um einen detaillierten Eindruck zu erhalten, welche Leistungsfähigkeit mit der modifizierten Signalform unter idealen und realen Umgebungsbedingungen tatsächlich erreicht werden kann, wurden Computersimulationen und Messungen mit jeweils zwei aktiven Teilnehmern durchgeführt. Die hierbei gewonnenen Ergebnisse wurden auch in Bezug auf ein reales Anwendungsszenario bewertet. Daraus ergeben sich folgende Schlussfolgerungen:

- Im Fall idealer Frequenz- und Zeitsynchronisation ist die bei gleichzeitiger Aktivität zweier Nutzer erzielbare mittlere Dynamik in der Simulation nur durch numerische Ungenauigkeiten und in den Messungen nur durch die begrenzte Signaltreue der eingesetzten Geräte limitiert.

- In der Messung wird im besonders relevanten Bereich sehr niedriger SIR-Werte eine Verbesserung der mittleren Dynamik von über 30 dB gegenüber dem Einsatz der klassischen OFDM-Signalform erreicht.

- Die im Fall einer Frequenzverschiebung durch den Doppler-Effekt sowie auf Grund nicht vorhandener Zeitsynchronisation im Radar-Bild auftretenden Störungen liegen mit den gewählten Systemparametern in fast allen Fällen mindestens 60 dB unter dem Nutzsignal.

- In dem beispielhaft betrachteten realen Straßenverkehrsszenario liefert die modifizierte OFDM-Signalform genau den erforderlichen Zugewinn an Isolation, der benötigt wird, um auch unter dem Einfluss von Interferenz alle bis zu einer Distanz von 100 m präsenten Fahrzeuge zu detektieren.

- Auch für die simultane Datenübertragung vom interferierenden Fahrzeug zum RadCom-System besteht ein geeignetes Signal-zu-Interferenz-Verhältnis.

- Mit der modifizierten OFDM-Signalform kann in einer realen Messung die theoretische Leistungsgrenze einer codebasierten Nutzertrennung um deutlich mehr als 10 dB übertroffen werden.

- Die modifizierte OFDM-Signalform stellt auch eine interessante Signalform für klassische MIMO-Radar-Systeme dar. In diesem Fall können Frequenz- und Zeitsynchronisation sogar besonders einfach erzielt werden.

6 Schlussfolgerungen

In dieser Arbeit wurde ein neuartiges Konzept für ein multifunktionales Radar- und Kommunikationssystem (*RadCom*) entwickelt und evaluiert, mit dessen Hilfe Radar-Sensorik und drahtlose Kommunikation simultan mit einem gemeinsamen OFDM-Sendesignal durchgeführt werden können. Durch eine spezielle Modifikation der klassischen OFDM-Signalform wird darüber hinaus ein weitgehend interferenzfreier Betrieb in Mehrnutzerumgebungen ermöglicht.

Im ersten Kapitel wurden zunächst mögliche Anwendungsgebiete für RadCom-Systeme diskutiert sowie geeignete Signalformen zur Realisierung eines derartigen Systemkonzepts betrachtet. Dabei wurden insbesondere folgende Zusammenhänge festgestellt:

- Anwendungen im Bereich der intelligenten Verkehrstelematik sind ein besonders interessantes Einsatzgebiet für RadCom-Systeme, da diese zur Erzielung einer optimalen Leistungsfähigkeit sowohl eine aktive Umfeldsensorik als auch eine direkte drahtlose Kommunikation mit anderen Verkehrsteilnehmern voraussetzen.

- Durch den Einsatz eines RadCom-Systems können in diesem Anwendungsbereich neben einer Kostenersparnis durch die Reduktion der Anzahl der benötigten Systemkomponenten zusätzlich eine erhöhte spektrale Effizienz und eine verbesserte Leistungseffizienz erzielt werden, da sich beide Anwendungen ein gemeinsames Sendesignal teilen.

- Prinzipiell können viele klassische Radar- und Kommunikationssignale auch für die jeweils andere Anwendung eingesetzt werden.

- Um in Bezug auf die Kommunikationsanwendung eine hohe spektrale Effizienz erzielen zu können, kommen für RadCom-Anwendungen ausschließlich Signalformen aus der digitalen Kommunikation in Betracht.

- Als besonders geeigneter Kandidat erscheinen OFDM-Signale, da diese neben ihrer stark gewachsenen Bedeutung in der digitalen Kommunikation in den letzten Jahren auch als interessante Alternative für die Radar-Technik entdeckt wurden.

In Kapitel 2 wurden bereits bekannte Verfahren zur Durchführung von Radar-Messungen mit OFDM-Signalen analysiert und darauf aufbauend schrittweise ein neuartiges Verfahren zur Bestimmung von Distanz und relativer Geschwindigkeit entwickelt. In diesem Zusammenhang wurden insbesondere die folgenden Erkenntnisse gewonnen:

- Für OFDM-basierte RadCom-Anwendungen kann eine gewöhnliche OFDM-Systemarchitektur aus der digitalen Kommunikation eingesetzt werden mit der Besonderheit, dass zum Senden und Empfangen separate Antennen verwendet werden sollten, um die direkte Kopplung zwischen Sender und Empfänger möglichst niedrig zu halten.

- Bislang kommen für OFDM-basierte Radar-Systemkonzepte überwiegend klassische korrelationsbasierte Prozessierungsverfahren zum Einsatz. In diesem Fall ist die erzielbare Messdynamik jedoch durch die Autokorrelationseigenschaften des OFDM-Signals begrenzt und von der übertragenen Information abhängig.

- In der Literatur wurden erste Verfahren beschrieben, die die in dem OFDM-Signal enthaltenen Nutzdaten explizit berücksichtigen und dadurch eine höhere Leistungsfähigkeit erzielen. Ein Prozessierungsverfahren, das allgemein als optimal anerkannt ist, existiert bislang nicht.

- Als Schlüssel zur Entwicklung eines einfach beschreibbaren Verfahrens unter Berücksichtigung der Nutzdaten wurde die Tatsache erkannt, dass hierfür die zweidimensionale Struktur der OFDM-Signale in Form der Modulationssymbole in Frequenz und Zeit gezielt ausgenutzt werden muss. Mit dieser Herangehensweise kann der Einfluss der Nutzinformation einfach eliminiert werden und sowohl Distanz als auch relative Geschwindigkeit können mit sehr hoher Dynamik gemessen werden.

- Durch eine Kombination beider Algorithmen zu einem zweidimensionalen Verfahren können Distanz und relative Geschwindigkeit einer unbegrenzten Anzahl reflektierender Objekte eindeutig und unabhängig voneinander bestimmt werden. Im so berechneten Radar-Bild treten als störende Artefakte lediglich die typischen Fourier-Nebenmaxima auf, die mit Hilfe einer Fensterung auf ein niedriges Niveau reduziert werden können.

- Das Verfahren bietet in Bezug auf Auflösung und Prozessierungsgewinn dieselbe Leistungsfähigkeit wie jedes klassische Radar-Verfahren.

In Kapitel 3 wurde betrachtet, wie die Systemparameter für das OFDM-basierte RadCom-System gewählt werden müssen, um eine optimale Leistungsfähigkeit garantieren zu können. Weiterhin wurde ein Simulationsmodell implementiert, mit dessen Hilfe die Funktionsfähigkeit und Leistungsfähigkeit des entwickelten Systemkonzepts insbesondere im Hinblick auf die erreichbare Dynamik umfangreich untersucht wurden. In Kapitel 4 wurde darüber hinaus ein Systemdemonstrator auf der Basis von Laborgeräten vorgestellt. Mit Hilfe dieses Aufbaus wurden die Simulationsergebnisse messtechnisch verifiziert und weitere Fragestellungen bezüglich einer praktischen Implementierung des Verfahrens beantwortet. Aus den Simulationen und Messungen ergeben sich folgende Schlüsse:

- Die klassischen Parametrisierungs-Regeln für OFDM-Systeme können auch für eine RadCom-Anwendung unverändert zum Einsatz kommen. Dabei muss jedoch berücksichtigt werden, dass die Doppler-Verschiebung für die Radar-Messung gegenüber der Kommunikation um den Faktor 2 vergrößert ist.

- Der prognostizierte Prozessierungsgewinn ist sowohl gegenüber überlagertem Rauschen als auch gegenüber interferierenden gleichartigen OFDM-Signalen in voller Höhe wirksam.

- In einer 24 GHz ISM-Anwendung können schwach reflektierende Objekte bis zu einer Distanz von mindestens 50 m und mittel und stark reflektierende Objekte bis zu Distanzen von weit über 200 m mit sehr hoher Sicherheit detektiert werden.

- Durch die zweidimensionale Bestimmung von Distanz und relativer Geschwindigkeit können schwach reflektierende bewegte Objekte von einem deutlich stärker reflektierenden feststehenden Hintergrund getrennt werden.

- Die optimale Leistungsfähigkeit der Radar-Messung wird bereits mit einer Quantisierungsauflösung von 8 bit erreicht. Mit einer Auflösung von 6 bit treten nur geringe Einbußen auf. Diese Ergebnisse decken sich mit Literaturangaben für die OFDM-Kommunikation. Die Radar-Messung stellt somit keine höheren Anforderungen an die eingesetzten Systemkomponenten.
- In einer realen Messung in einem beispielhaft betrachteten Straßenverkehrsszenario mit vergleichsweise hoher Dynamik konnten alle Fahrzeuge bis zu einer Distanz von 100 m mit sehr hoher Sicherheit detektiert werden.

In Kapitel 5 wurde schließlich ein Verfahren zur Nutzertrennung vorgestellt, das es erlaubt, dass mehrere Nutzer simultan im selben Frequenzband aktiv sein können, ohne sich gegenseitig nachhaltig zu stören. Diese Problematik wurde bislang in keinem in der Literatur diskutierten RadCom- bzw. OFDM-Radar-Konzept berücksichtigt. Das entwickelte Mehrnutzerverfahren beruht auf einer Modifikation klassischer OFDM-Signale. Hierbei wurden folgende Erkenntnisse gewonnen:

- Das in dieser Arbeit entwickelte modulationssymbol-basierte Prozessierungsverfahren kann auch dann angewendet werden, wenn nur ein Bruchteil aller verfügbaren Unterträger tatsächlich genutzt wird.
- Wenn alle verfügbaren Unterträger so auf die einzelnen Nutzer verteilt werden, dass jeder Unterträger nur von jeweils genau einem Teilnehmer genutzt wird, dann sind die Signale der Nutzer auf Grund der inhärenten Orthogonalität der Unterträger orthogonal.
- Tatsächlich ist die Orthogonalität nur gewährleistet, falls die Sendesignale in Zeit und Frequenz synchronisiert sind.
- Sofern die einzelnen Teilnehmer durch ein gemeinsames Referenzsignal synchronisiert werden können, wird mit der modifizierten Signalform insbesondere für sehr niedrige Signal-zu-Interferenz-Verhältnisse eine drastische Verbesserung der bei der Radar-Messung erzielbaren Dynamik ermöglicht. In dem betrachteten Referenzszenario können unter dieser Voraussetzung auch in einem Mehrnutzerbetrieb alle Fahrzeuge detektiert werden.

- Die Leistungsfähigkeit der modifizierten OFDM-Signalform übertrifft diejenige von klassischen codebasierten Verfahren zur Nutzertrennung deutlich.

- Auch in anderen Anwendungsbereichen, wie z.B. MIMO-Radar, kann durch den Einsatz der modifizierten OFDM-Signalform eine deutliche Leistungssteigerung erzielt werden.

Zusammenfassend betrachtet wurde in dieser Arbeit eine umfassende Untersuchung und Evaluierung eines OFDM-basierten RadCom-Systemkonzepts durchgeführt. Alle vorgenommenen Untersuchungen orientierten sich an einem Einsatz im Bereich der intelligenten Verkehrstelematik. Nichtsdestotrotz können die erzielten Ergebnisse einfach auf andere Anwendungen übertragen werden. Von bislang auf demselben Themengebiet in der Literatur publizierten Arbeiten hebt sich diese Dissertation dadurch ab, dass der Schwerpunkt gezielt auf die Optimierung und Evaluierung einer praktischen RadCom-Anwendung gelegt wurde. Insbesondere die folgenden Aspekte dieser Arbeit stellen eine Weiterentwicklung des bisherigen Standes der Technik dar:

- Es wurde eine neuartige Beschreibung der Radar-Prozessierung von OFDM-Signalen auf Basis der Modulationssymbole eingeführt, die eine einfache und effiziente Implementierung ermöglicht und eine unabhängige Messung von Distanz und relativer Geschwindigkeit mit sehr hoher Dynamik erlaubt.

- Es wurden die Randbedingungen bezüglich einer optimalen Parametrisierung eines OFDM-Systems für gemeinsame Radar- und Kommunikationsanwendungen analysiert und eine optimale Parametrisierung für eine Anwendung in der Verkehrstelematik im 24 GHz ISM-Band abgeleitet.

- Der bei einer Radar-Messung mit OFDM-Signalen maximal erzielbare Dynamikumfang sowie Faktoren, die diesen Dynamikumfang limitieren, wurden umfangreich betrachtet.

- Es wurden erstmalig OFDM-Radar-Messungen in einem realen Straßenverkehrsszenario von einer bewegten Plattform aus durchgeführt und dadurch die praktische Anwendbarkeit des Verfahrens demonstriert.

- Der in den durchgeführten Messungen erzielte Dynamikumfang übertrifft die bislang in der Literatur gezeigten Ergebnisse um Größenordnungen.
- Es wurde erstmalig die für eine Durchführung von Radar-Messungen mit OFDM-Signalen erforderliche Quantisierungsauflösung untersucht.
- Es wurde ein neuartiges Konzept zur Nutzertrennung in OFDM-basierten RadCom-Systemen vorgestellt, das eine simultane Aktivität mehrerer Systeme im selben Frequenzband mit sehr hoher gegenseitiger Isolation erlaubt und die Leistungsfähigkeit klassischer codebasierter Verfahren zur Nutzertrennung weit übertrifft.
- Die im Zusammenhang mit dem entwickelten Mehrnutzerverfahren bestehenden Anforderungen in Bezug auf die Zeit- und Frequenzsynchronisation der Teilnehmer wurden ausführlich betrachtet.

Das in dieser Arbeit entwickelte Verfahren zur Radar-Bildgebung mit OFDM-Signalen auf Basis der Modulationssymbole bildet eine neue Grundlage für effiziente RadCom-Anwendungen mit sehr hoher Leistungsfähigkeit. Für eine Nutzertrennung in Mehrnutzerumgebungen wurde ein viel versprechender Ansatz entwickelt, der eine deutliche Interferenzreduktion erlaubt und darüber hinaus ein großes Potential für weitere Anwendungen in MIMO-Radar-Systemen besitzt. Zu der aktuell stattfindenden technologischen Evolution im Bereich intelligenter und multifunktionaler Radar- und Kommunikationssysteme wurde somit ein entscheidender Impuls in Richtung einer Vereinfachung der Beschreibung der Algorithmen sowie einer Erhöhung der Leistungsfähigkeit insbesondere im Hinblick auf Mehrnutzerumgebungen beigetragen.

Literaturverzeichnis

[ACH10] Z. Abichar, M.J. Chang, and Chau-Yun Hsu. WiMAX or LTE: Who will lead the broadband mobile internet? *IT Professional*, 12(3):26–32, May 2010.

[Bal05] C. A. Balanis. *Antenna Theory*. Wiley, 3rd edition, 2005.

[BDH+10] C. R. Berger, B. Demissie, J. Heckenbach, P. Willett, and S. Zhou. Signal processing for passive radar using OFDM waveforms. *IEEE Journal of Selected Topics in Signal Processing*, 4(1):226–238, Feb. 2010.

[BKG07] T. Binzer, M. Klar, and V. Gross. Development of 77 GHz radar lens antennas for automotive applications based on given requirements. In *2nd International ITG Conference on Antennas (INICA)*, pages 205–209, Munich, Germany, March 2007.

[BKSJ10] M. Braun, Y. Koch, C. Sturm, and F. K. Jondral. Signal design and coding for high-bandwidth OFDM in car-to-car communication. In *IEEE 72nd Vehicular Technology Conference*, Ottawa, Canada, Sept. 2010.

[Bri04] J. E. Brittain. Electrical engineering hall of fame: Guglielmo Marconi. *Proceedings of the IEEE*, 92(9):1501–1504, Aug. 2004.

[BSJ10] M. Braun, C. Sturm, and F. K. Jondral. Maximum likelihood speed and distance estimation for OFDM radar. In *IEEE International Radar Conference*, Washington D.C., May 2010.

[BSNJ09] M. Braun, C. Sturm, A. Niethammer, and F. K. Jondral. Parametrization of joint OFDM-based radar and communication systems for vehicular applications. In *IEEE Symposium on Personal Indoor and Mobile Radio Communications*, Tokyo, Japan, Sept. 2009.

[Bun03] Bundesnetzagentur. Allgemeinzuteilung von Frequenzen in den Frequenzteilbereichen gemäß Frequenzbereichszuweisungsplanverordnung (FreqBZPV), Teil B: Nutzungsbestimmungen (NB) D138 und D150 für die Nutzung durch die Allgemeinheit für ISM-Anwendungen. *Verfügung 76/2003*, 2003.

[Bun09] Bundesnetzagentur. Allgemeinzuteilung von Frequenzen für nichtöffentliche Funkanwendungen geringer Reichweite; Non-specific Short Range Devices (SRD). *Verfügung 39/2009*, 2009.

[BYS10] S. D. Blunt, P. Yatham, and J. Stiles. Intrapulse radar-embedded communications. *IEEE Transactions on Aerospace and Electronic Systems*, 46(3):1185–1200, July 2010.

[BZW+08] C. R. Berger, S. Zhou, P. Willett, B. Demissie, and J. Heckenbach. Compressed sensing for OFDM/MIMO radar. In *Asilomar Conference on Signals, Systems and Computers*, pages 213–217, Oct. 2008.

[Cha66] R. W. Chang. Synthesis of band-limited orthogonal signals for multichannel data transmission. *Bell Systems Technology Journal*, 45:1775–1796, Dec. 1966.

[Com02] Federal Communications Commission. Revision of part 15 of the commission's rules regarding ultra-wideband transmission systems, first report and order. *ET Docket 98-153, FCC 02-48*, 2002.

[CV02] L. M. Correia and F. J. Velez. Mobile broadband services: classification, characterization, and deployment scenarios. *IEEE Communications Magazine*, 40(4):142–150, Apr. 2002.

[DL06] B. J. Donnet and I. D. Longstaff. Combining MIMO radar with OFDM communications. In *European Radar Conference*, pages 37–40, Manchester, UK, Sept. 2006.

[Eng02] M. Engels. *Wireless OFDM systems: How to make them work?* Kluwer Academic Publishers, 2002.

[FNvG06] G. E. A. Franken, H. Nikookar, and P. van Genderen. Doppler tolerance of OFDM-coded radar signals. In *European Radar Conference*, pages 108–111, Manchester, UK, Sept. 2006.

[Goi92] Alois M. J. Goiser. *Handbuch der Spread-Spectrum-Technik*. Springer, 1992.

[GS08] D. Garmatyuk and J. Schuerger. Conceptual design of a dual-use radar/communication system based on OFDM. In *IEEE Military Communications Conference*, Nov. 2008.

[GSK11] D. Garmatyuk, J. Schuerger, and K. Kauffman. Multifunctional software-defined radar sensor and data communication system. *IEEE Sensors Journal*, 11(1):99–106, Jan. 2011.

[GSM+07] D. Garmatyuk, J. Schuerger, Y. T. Morton, K. Binns, M. Durbin, and J. Kimani. Feasibility study of a multi-carrier dual-use imaging radar and communication system. In *European Microwave Conference*, pages 1473–1476, Munich, Germany, 2007.

[GW98] N. Geng and W. Wiesbeck. *Planungsmethoden für die Mobilkommunikation*. Springer, Berlin, 1998.

[Ham83] Richard W. Hamming. *Digital Filters*. Prentice-Hall signal processing series. Prentice-Hall, Englewood Cliffs, NJ, 2nd edition, 1983.

[Har78] F. J. Harris. On the use of windows for harmonic analysis with the discrete Fourier transform. *Proceedings of the IEEE*, 66(1):51–83, Jan. 1978.

[Hay06] S. Haykin. Cognitive radar: a way of the future. *IEEE Signal Processing Magazine*, 23(1):30–40, Jan. 2006.

[HDS+10] G. Hiertz, D. Denteneer, L. Stibor, Y. Zang, X. P. Costa, and B. Walke. The IEEE 802.11 universe. *IEEE Communications Magazine*, 48(1):62–70, Jan. 2010.

[HK06] L. Hanzo and T. Keller. *OFDM and MC-CDMA: A Primer*. Wiley, 2006.

[HW10] L. Han and K. Wu. Radio and radar fusion platform for intelligent transportation systems. In *European Radar Conference*, Paris, France, Sept. 2010.

[IEE10] IEEE. IEEE Std 802.11p-2010 (Amendment to IEEE Std 802.11-2007 as amended by IEEE Std 802.11k-2008, IEEE Std 802.11r-2008, IEEE Std 802.11y-2008, IEEE Std 802.11n-2009, and IEEE Std 802.11w-2009), July 2010.

[IMT+10] V. Issakov, K. L. R. Mertens, M. Tiebout, A. Thiede, and W. Simburger. Compact quadrature receiver for 24 GHz radar applications in 0.13 μm CMOS. *Electronics Letters*, 46(1):79–80, Jan. 2010.

[Ipa05] V. P. Ipatov. *Spread Spectrum and CDMA: Principles and Applications*. Wiley, 2005.

[Jon07] F. K. Jondral. Cognitive radio: A communications engineering view. *IEEE Wireless Communications*, 14(4):28–33, Aug. 2007.

[KK02] K.-D. Kammeyer and K. Kroschel. *Digitale Signalverarbeitung - Filterung und Spektralanalyse mit MATLAB-Übungen*. B. G. Teubner, 2002.

[KMS95] P. J. Kyees, R. C. McConnell, and K. Sistanizadeh. ADSL: A new twisted-pair access to the information highway. *IEEE Communications Magazine*, 33(4):52–60, Apr. 1995.

[KR02] I. Koffman and V. Roman. Broadband wireless access solutions based on OFDM access in IEEE 802.16. *IEEE Communications Magazine*, pages 96–103, April 2002.

[Lev00a] N. Levanon. Multifrequency complementary phase-coded radar signal. *IEE Proceedings on Radar, Sonar and Navigation*, 147(6):276–284, Dec. 2000.

[Lev00b] N. Levanon. Multifrequency radar signals. In *IEEE Radar Conference*, pages 683–688, 2000.

[LPvG08] G. Lellouch, R. Pribic, and P. van Genderen. Wideband OFDM pulse burst and its capabilities for the Doppler processing in radar. In *International Radar Conference*, pages 531–535, Sept. 2008.

[LS08] J. Li and P. Stoica. *MIMO Radar Signal Processing*. Wiley, 1st edition, 2008.

[LTPvG08] G. Lellouch, P. Tran, R. Pribic, and P. van Genderen. OFDM waveforms for frequency agility and opportunities for Doppler processing in radar. In *IEEE Radar Conference*, May 2008.

[Mah09] B. R. Mahafza. *Radar Signal Analysis and Processing using MatLab*. Chapman & Hall / CRC, 2009.

[Men99] R. Mende. *Radarsysteme zur automatischen Abstandsregelung in Automobilen*. PhD thesis, Technische Universität Carolo-Wilhelmina zu Braunschweig, July 1999.

[Mil11] J. Miller. GPS stabilised 10 MHz oscillator, online resource `http://www.jrmiller.demon.co.uk`, July 2011.

[Mit95] J. Mitola. The software radio architecture. *IEEE Communications Magazine*, 33(5):26–38, May 1995.

[MUN93] K. Mizui, M. Uchida, and M. Nakagawa. Vehicle-to-vehicle communication and ranging system using spread spectrum technique (proposal of boomerang transmission system). In *IEEE 43rd Vehicular Technology Conference*, pages 335–338, May 1993.

[Nat91] F. E. Nathanson. *Radar Design Principles*. McGraw-Hill, 2nd edition, 1991.

[Num09] A. Al-Khoury Numeir. Measurement based verification and optimization of an OFDM radar system. Master's thesis, Institut für Hochfrequenztechnik und Elektronik, Karlsruher Institut für Technologie, 2009.

[Rab08] D. J. Rabideau. Adaptive MIMO radar waveforms. In *IEEE Radar Conference*, May 2008.

[RABT02] T. S. Rappaport, A. Annamalai, R. M. Buehrer, and W. H. Tranter. Wireless communications: past events and a future perspective. *IEEE Communications Magazine*, 40(5):148–161, May 2002.

[RB07] G. Rollmann and H.-L. Bloecher. The impact of SARA for further advances in automotive microwave sensing. In *European Radar Conference*, pages 244–246, Munich, Germany, Oct. 2007.

[Rei98] U. Reimers. Digital video broadcasting. *IEEE Communications Magazine*, 36(6):104–110, June 1998.

[SBM+09] D. Saunders, S. Bingham, G. Menon, D. Crockett, J. Tor, R. Mende, M. Behrens, N. Jain, A. Alexanian, and Rajanish. A single-chip 24 GHz SiGe BiCMOS transceiver for FMCW automotive radars. In *IEEE Radio Frequency Integrated Circuits Symposium*, pages 459–462, June 2009.

[SBZW10a] C. Sturm, M. Braun, T. Zwick, and W. Wiesbeck. A multiple target Doppler estimation algorithm for OFDM based intelligent radar systems. In *European Radar Conference*, Paris, France, Sept. 2010.

[SBZW10b] C. Sturm, M. Braun, T. Zwick, and W. Wiesbeck. Performance verification of symbol-based OFDM radar processing. In *IEEE International Radar Conference*, Washington D.C., May 2010.

[SC97] T. M. Schmidl and D. C. Cox. Robust frequency and timing synchronization for OFDM. *IEEE Transactions on Communications*, 45(12):1613–1621, Dec. 1997.

[SFGT+11] T. Schipper, J. Fortuny-Guasch, D. Tarchi, L. Reichardt, and T. Zwick. RCS measurement results for automotive related objects at 23-27 GHz. In *5th European Conference on Antennas and Propagation*, pages 683–686, April 2011.

[Sko08] M. I. Skolnik. *Radar Handbook.* McGraw-Hill, 3rd edition, 2008.

[SPZW09] C. Sturm, E. Pancera, T. Zwick, and W. Wiesbeck. A novel approach to OFDM radar processing. In *IEEE Radar Conference*, Pasadena, California, May 2009.

[SS07] T. Sakamato and T. Sato. Code-division multiple transmission for high-speed UWB radar imaging with array antennas. In *IEEE Antennas and Propagation Symposium*, pages 429–432, June 2007.

[SSB07] G. N. Saddik, R. S. Singh, and E. R. Brown. Ultra-wideband multifunctional communications/radar system. *IEEE Transactions on Microwave Theory and Techniques*, 55(7):1431–1437, Jul. 2007.

[SW10] C. Sturm and W. Wiesbeck. *Principles of Waveform Diversity and Design*, chapter Waveform Design for Joint Digital Beamforming Radar and MIMO Communications Operability. SciTech Publishing, 2010.

[SW11] C. Sturm and W. Wiesbeck. Waveform design and signal processing aspects for fusion of wireless communications and radar sensing. *Proceedings of the IEEE*, 99(7):1236–1259, July 2011.

[SWZ10] C. Sturm, W. Wiesbeck, and T. Zwick. Method and apparatus for digitally processing OFDM signals for radar applications. International patent application PCT/DE2010/000463, Karlsruher Institut für Technologie, 2010.

[SZ11] C. Sturm and T. Zwick. Verfahren zur Sendesignaltrennung in einem Radarsystem. Patentanmeldung DE 10 2011 009 874, Karlsruher Institut für Technologie, 2011.

[SZH$^+$10] Y. Sun, H. Zishu, L. Hongming, J. Li, and G. Shangwei. Binary orthogonal code design for MIMO radar systems. In *International Symposium on Intelligent Signal Processing and Communication Systems*, Dec. 2010.

[SZW09a] C. Sturm, T. Zwick, and W. Wiesbeck. An OFDM system concept for joint radar and communications operations. In *69th IEEE Vehicular Technology Conference*, Barcelona, Spain, Apr. 2009.

[SZW09b] C. Sturm, T. Zwick, and W. Wiesbeck. Verfahren und Vorrichtung zur digitalen Verarbeitung von OFDM-Signalen für Radaranwendungen. Patentanmeldung DE 10 2009 019 905, Karlsruher Institut für Technologie, 2009.

[TdHvG08] R. F. Tigrek, W. J. A. de Heij, and P. van Genderen. Solving Doppler ambiguity by Doppler sensitive pulse compression using multi-carrier waveform. In *European Radar Conference*, pages 72–75, Amsterdam, Netherlands, Oct. 2008.

[TdHvG09] R. F. Tigrek, W. de Heij, and P. van Genderen. Multi-carrier radar waveform schemes for range and Doppler processing. In *IEEE Radar Conference*, Pasadena, California, May 2009.

[TDMO04] M. Tons, R. Doerfler, M.-M. Meinecke, and M. A. Obojski. Radar sensors and sensor platform used for pedestrian protection in the EC-funded project SAVE-U. In *IEEE Intelligent Vehicles Symposium*, pages 813–818, June 2004.

[THRS01] R. S. Thomä, D. Hampicke, A. Richter, and G. Sommerkorn. Measurement and identification of mobile radio propagation channels. In *IEEE Instrumentation and Measurement Technology Conference*, volume 2, pages 1163–1170, 2001.

[Vit94] A. J. Viterbi. The evolution of digital wireless technology from space exploration to personal communication services. *IEEE Transactions on Vehicular Technology*, 43(3):638–644, Aug. 1994.

[WD07] V. Winkler and J. Detlefsen. Automotive 24 GHz pulse radar extended by a DQPSK communication channel. In *European Radar Conference, Munich, Germany*, pages 138–141, Oct. 2007.

[WE71] S. Weinstein and P. Ebert. Data transmission by frequency-division multiplexing using the discrete fourier transform. *IEEE Transactions on Communications*, 19(5):628–634, Oct. 1971.

[Wei04] M. Weiss. Synchronisation of bistatic radar systems. In *IEEE International Geoscience and Remote Sensing Symposium*, volume 3, pages 1750–1753, Sept. 2004.

[Wel74] L. R. Welch. Lower bounds on the maximum cross correlation of signals. *IEEE Transactions on Information Theory*, 20(3):397–399, May 1974.

[Wen98] J. Wenger. Automotive mm-wave radar: status and trends in system design and technology. *IEE Colloquium on Automotive Radar and Navigation Techniques*, Feb. 1998.

[YCL03] J.-H. Yeh, J.-C. Chen, and C.-C. Lee. WLAN standards. *IEEE Potentials*, 22(4):16–22, Oct.-Nov. 2003.